G O O D

D E S I G N

G O O D

F U N

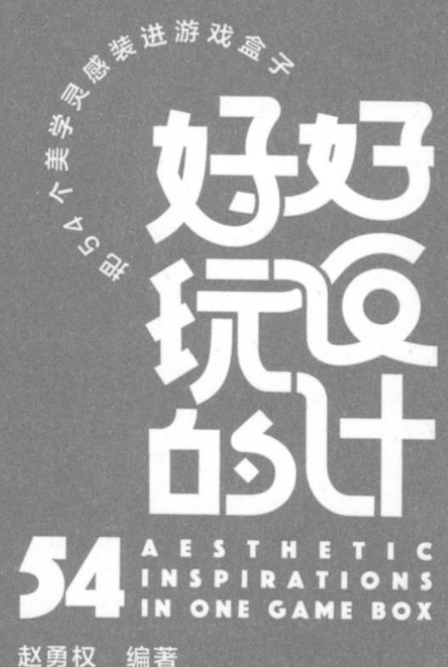

赵勇权 编著

中国青年出版社

CONTENTS
目录

CHAPTER 1
第一章　虽然先有了故事背景，但并不意味着一切变得简单了

CHAPTER 2
第二章　用桌游可以解决生活中的问题吗？

CHAPTER 3
第三章　打开盒子，听到声音

CHAPTER 4

第四章　桌游，是观察地域文化的入口

CHAPTER 5

第五章　让"眼熟的"变成"耀眼的"，老游戏的再设计

CHAPTER 6

第六章　这些奇怪的委托，由桌游来完成！

CHAPTER 7

第七章　每个人都能发明一点好玩的事情！

打开美丽而有趣的灵魂

终于要写这本书的前言了，溯源这一切的起点，发现原来已经过去了 5 年之久，最初的思维跳跃，成为一次新世界的寻宝之旅。

2012 年的时候，我开始创办名为 DICE 的桌面游戏推广平台，为此我辞掉了篮球期刊编辑的工作，也渐渐从艺术图书出版人的身份中抽离出来——我的履历虽然总是沿着自己不同的爱好前行，但相同点都是可以有足够的空间去创造新的东西。2015 年我出版了最后一本讲述机械设定的书之后，将主要精力放在创办 DICE CON 上，如今它成了亚洲规模最大的桌面游戏商业展会。

也恰恰是这一年，我开始在品牌的公众号上连载名为“设计癖”的栏目，源自某次我闲逛 Behance（Adobe 旗下网站，目前全球最大的视觉设计师聚集平台）的时候，突发奇想，在搜索栏中键入 Board Game 这一关键词，结果令我大开眼界。原来在过去几年间我所接触的德式与美式桌游之外，还有这样一个视觉设计师的游戏乐园。

这些“视觉系”的作品并没有精妙的数学模型与深厚的世界架构，甚至很多都是非商业的，不具备量产与铺货的可能。但是从另一面讲，它们也是极为纯粹的：梅甘·伯德为朋友创作了一个求婚的道具、莫洛科创意社在为摇滚乐迷制作了一款关于音乐节的桌游礼物、阿蒂蓬·迪旺基希望通过一款游戏让周围的人学会与聋哑人交流、戴安娜与多维尔把“炙叉蛋糕”摆到棋盘上以宣传立陶宛当地美食、波尔尼则考虑在疫情期间和孩子们找到共同的乐趣……

闪耀的灵感往往少有商业逻辑的矫正，对于视觉设计师来说，越纯粹、越源质的东西，越宝贵。

终究，基因是顽固的，这一发现让我又回到了艺术图书出版这条路上，开启了我们搜寻“宝藏”的旅程。5 年时间，我和同事前前后后联络了近百位设计师，邀请他们介绍自己的创作灵感和设计意图。为此我关闭了“设计癖”这个栏目，因为我想做更多更好的沉淀，去将这些独特类别的设计作品以包装完好的群像展现给读者——当然，最令我感到兴奋的是，这个世界上还没有人做过这样一本书。

5 年来的备稿工作其实是一个不断迭代的过程，有一些在早期收纳进本书的作品，由于各种原因而不得不被更有代表性的故事和案例取代。最后我们将入选名额定为 54 个——我喜欢一些有意味的数字：对于不太了解桌游的人来说，也许他们在不知情的情况下玩过的桌游就是扑克牌，而 54 恰恰就是一副扑克的张数。我并没有想在这些设计师的头上标注黑红梅方，而是希望通过这个数字，在桌游与普通人之间建立一个微妙的认知关联。

这种“关联”是我在过去 8 年来推广桌游时花费最多精力去构建的事情。若非亲自走入体验，便无法感知桌游世界的奇趣与丰富。但如何高效获取新用户，出圈破壁，桌游行业至今都没有找到答案。2015 年我创办 DICE CON，用最大分贝去宣传一个专属于桌面游戏的公众活动，调动所有媒体资源吸引路人关注；2019 年，我们开始筹备《心流》MOOK，以受热议的社会事件为切入口，用桌游的语言去阐释独立主题，拉近桌游与人们日常生活的距离；2020 年，我们终于完成了你眼前这本书的编辑工作，交付出版社，希望再从视觉的角度直观地让读者看到桌游的魅力。

书名为《好玩的好设计》，是一本将桌游视为一种表达形式、讲述一类产品设计并安排你与灵感相遇的书。

所以，如果仅仅认为这本书是在写桌游，或者目标读者只是桌游玩家，那就恰恰背离了我们创作的本意。甚至我反倒会担心在许多核心玩家眼中，书里的游戏都不够“好玩”。但什么样的游戏才算是“好玩”呢？我认为，“好玩”的概念无疑是相对的，相较于评论视觉设计“好或坏”有可以遵循的理论标尺，游戏的“好玩或不好玩”是不确定的。在幼年时期，一副“飞行棋”就能被你视作珍宝，但如今很多玩家会对投掷骰子的游戏具有过多随机性而嗤之以鼻。当我们站上了智力与阅历的高地之后，总会情不自禁地对单纯的东西刻薄起来。我也是如此。

我们都不该走向越来越窄的极端。

所以我很感谢能有机会与这 54 位视觉设计师在这样一本独一无二的书中合作，他们创造了可以玩的好设计，向我们展现了丰富的设计可行性，这里汇聚了真正美丽而有趣的灵魂。

最后，我想再说一下这本书对我个人的意义。它除了提醒我自己不要放弃内心真正热爱的出版事业外，也引领我看清楚未来应该去做什么类型的图书：拥有美丽而有趣的灵魂，带给人如抬头看到彩虹一般感受的图书。

于是我们将未来的图书品牌定名为 IRIS，希望这道彩虹，可以连接你和我，以及所有美好的事物。

感谢五年来与我一同参与过这本书编辑的三位同事：安宁、秘瑞颖、王一凡。谢谢你们。

CHAPTER 1
第一章

虽然先有了故事背景，但并不意味着一切变得简单了

如果从游戏内容的维度上讨论，可以简单地将设计分为背景与机制两个方面，于是很多人认为自上而下的设计（也就是我们俗称的“顶底设计”）似乎更为简单，毕竟在已有的故事框架中去设计玩法，要比凭空创造游戏机制多了一些支点。但实际真的如此吗？好的机制不仅要与背景自洽，更要建立引领玩家进入熟知世界的有效路径，一切好像没有想象中那么简单。

CHAPTER 1

第一章

虽然先有了故事背景，但并不意味着一切变得简单了

如果从游戏内容的维度上讨论，可以简单地将设计分为背景与机制两个方面，于是很多人认为自上而下的设计（也就是我们俗称的"顶底设计"）似乎更为简单，毕竟在已有的故事框架中去设计玩法，要比凭空创造游戏机制多了一些支点。但实际真的如此吗？好的机制不仅要与背景自洽，更要建立引领玩家进入熟知世界的有效路径，一切好像没有想象中那么简单。

角斯 & 八脚目 /《台湾妖怪斗阵》

吉如 /《爱丽丝梦游仙境》

索菲娅・沃夫德卡亚 /《银河农场》

玛丽亚・叶戈罗娃 /《勃鲁盖尔主义》

阿兰查・吉斯贝特・洛佩斯 /《格林的森林》

米丽娅姆・汉森 /《月球》

台灣
妖怪
鬥陣
Taiwan Monsters Brawl / Game designed by Hung-Che Lin, illustration by Chiaos Tseng

动手提示！将前页页面按模切痕迹取下，立即就能获得一幅迷你台湾妖怪拼图。

01 CHIAOS & ERICH

角斯 & 八腕目

《台湾妖怪斗阵》 *Taiwan Monsters Brawl*

一个神话

——对话中国台湾设计师角斯与八腕目

在台北的松山文创园，我第一次看到《台湾妖怪斗阵》的桌游摆在胡桃木的展架上，和周围的文创产品在一起非但没有违和感，反倒显得格外惊艳。除了一盒桌游之外，《台湾妖怪斗阵》还有自己的衍生周边，如绣片、明信片……看起来是一款非常有规划的产品。尽管并不清楚游戏规则，但受到从业背景的影响，《台湾妖怪斗阵》再次唤醒了我近两年一个模糊的念头：做一本从视觉传达角度去讲产品设计的书，借此展现桌游的魅力。

所以角斯就成为这本书第一个受访对象。

《台湾妖怪斗阵》是角斯与八腕目二人合作设计的桌面游戏，主题是当时中国台湾地区最热门的妖怪学。相较于日本的妖怪学与中国大陆的神怪传说，中国台湾地区的民俗怪谈起步较晚，只是近些年才有学者开始将一些原住民的传说考据整理出来。规则设计师八腕目在和我聊天的过程中一直强调“角斯很有名气”，而这名气的由来就是角斯在2014年出版的那本名为《台湾妖怪地志》的图书。

大学毕业之后，角斯大多数时间从事电影、舞台剧等行业的美术设计工作，但是

台灣妖怪鬪陣

...wan Monsters Brawl / A Game by Hung-Che Lin, Illustratio...

用他本人的话来讲总感觉存在感不高，于是他决定花些时间去创作一套属于自己的作品。在研习的过程中，角斯发现了“妖怪学”的魅力，同时受到大竹茂夫的影响，也渐渐找到了一种令人印象深刻的画风。《台湾妖怪地志》就在这样的磨砺之下诞生了，成为出版界最独特的存在。

在《台湾妖怪地志》的画展上，角斯与八腕目第一次见面，后者萌生了创作妖怪主题桌游的想法，而角斯和他的团队也想让他们所创作的妖怪可以突破日渐衰落的出版业，跨界行销，探索更多的领域。桌游在中国台湾地区近些年来已发展成了近乎“全民性”的文化娱乐活动，听起来也比上门来探寻合作机会的电视台之流靠谱，所以角斯决定与八腕目一起踏上这段奇异的旅程。

“过去我只玩过象棋或者《地产大亨》这类的游戏，八腕目找到我时我也没有任何桌游的概念，但我觉得这或许是一件值得一试的事。”角斯认为作为艺术总监，面对一款桌游产品时的最初立场还是“旁观者”比较好。“正因为我平时不玩桌游，才会希望我们设计的东西应该给更多人一种易于理解的感觉。相对于已有的桌游玩家来说，我站在他们的对面，属于‘更多人’的群体。如何让我们这些人在听规则的时候不至于失去耐心？因为我的反应恰恰是日后将这款产品推荐给所有第一次接触它甚至第一次接触桌游的玩家的反应。我觉得这个清晰的立场很重要，这是我们的第一款产品，我们当然想让更多人知道它、喜欢上它，让它具备传播性并在更多的渠道中出现——也许大公司的艺术总监不会考虑这些事，但作为我们这样的小团队，我会经常提出这方面的建议。”

角斯从产品设计的角度考虑桌游产品，不仅仅是关乎用户体验，也会考虑产品本身设计的合理性。“自从开始设计《台湾妖怪斗阵》之后，我和妻子就开始频繁地参与测试，然后会从自己分工的角度提出改善的意见。在我们确定了命盘机制之后，八腕目拿来一份游戏原型，我们在测试的过程中发现在命盘旁放置骰子的区域让每个人的操作变得烦琐，于是就提出了优化整合，将骰子直接放在命盘上，连线成功后取走骰子直接入手，成为资源。这一方面可以简化操作界面，在UI上更简洁，另一方面如果按照过去的设计，就会需要大量的骰子道具，无法即时结算，也让我们增加了制作成本。这样的案例经常发生在最初的研发期间，例如我们还让每个妖怪的命盘形状不同，横纵格子不再统一，这样还可以给玩家一种不同妖怪具有不同个性的感觉。我们会从产品设计的角度去不断优化一款桌游的机制，可以说这是一个相辅相成的过程。”

《台湾妖怪斗阵》在研发时之所以会面对很多问题，主要的原因是它属于“自上而下”的游戏设计。即指先有了背景故事设定，再去设计匹配的游戏机制。这种类型的设计大多存在于一些强IP的游戏，例如去年在知名众筹网站“即刻开始”（Kickstarter）上募资了370万欧元的《黑暗之魂3》、62万英镑的《我们的战争》以及无数成功的克苏鲁题材的游戏。《台湾妖怪斗阵》在台湾的众筹平台上也募资了330万新台币，名列去年中国台湾地区桌游众筹榜第三名，能取得这样的成果并不简单。

“自上而下的桌游设计首先要注意的就是不要产生‘剥离感’”八腕目接受采访的时候说道，“我们是从主题开始设想机制，而非先有机制才导入主题，有时候想到一个玩法却不适合这个主题，发现没有代入感，感觉本土妖怪的特色没有出来，我们就会放弃。另外，设计开始后，我对自己的要求之一，就是尽量不接触桌游，因为我怕自己受当下某些游戏的影响太大，而做出太类似的机制。我尽量去看看书和展览，没事打打电动或看电影，来累积一些灵感和素材。当时正好也在研读一些中国命理和生命灵数的书籍，里面都有类似命盘的东西，东方命理命盘显现的是一个人先天有哪些人格特色及后天可能会有哪些状况的预测，生命灵数的九宫格命盘，则是强调一个人先天有哪些个性和潜力，如何通过后天来补足先天的不足或发展自己所擅长的。因此我想，如果游戏中的妖怪们也有自己的命盘，上面有自己的特色和专长，那么就可以通过某些方式去触发（连线上）它们的先天　能力。”

为了配合八腕目独创的与妖怪主题贴合的机制背景，角斯也没有直接拿自己已有的插画来应付这次设计。“事实上所有的作品都有重绘，因为要做出适应游戏的UI，你不能将透视都不对，又没有戏剧性的插画硬贴到游戏中。其实很多人可能习惯一种叫作‘授权’的操作，之后却不管不问了，这样最终的产品便会处在一种不合适的状态，就像一些卡牌游戏使用影视剧剧照一样，一定不会比那些专为其绘制过插画的卡牌生命力长。”

角斯的工作室在过去两年时间全情投入到一项初次体验的项目中，利用自己专业的设计经验对《台湾妖怪斗阵》提出了非常高的产品要求，“高到印刷厂都有些害怕”八腕目笑着对我们说。但也恰恰因为这一点，这款桌游才显得与众不同，不仅成为完成度极高的设计产品，更走进了更多类型的渠道。“让更多人了解到桌游，终归是一件好事。”八腕目非常庆幸选择角斯作为合作伙伴，而二人的首次合作也令他非常满意。

卡卡巨人
兩個太陽
兩個太陽
人魚

02 JI RU
吉如

《爱丽丝梦游仙境》 *Alice in Wonderland*

2-4 7+ 30-45

一个童话
——对话中国设计师吉如

吉如从小就喜欢《爱丽丝梦游仙境》。小时候，她幻想自己也能和爱丽丝一样，掉进兔子洞，遇到疯帽子和柴郡猫，来一场紧张又华丽的大冒险。爱丽丝的冒险故事为幼时的她留下了很深的印象。长大后，她前往美国旧金山艺术大学学习平面设计。在旧金山的学习过程中，她逐渐形成了自己的设计风格。但以爱丽丝为蓝本的设计一直深深扎根在她的脑海里。2015年，一节包装设计课的课堂作业让她的想法变成了现实。她决定将爱丽丝的故事做成一套完整的作品。

"《爱丽丝梦游仙境》是大家耳熟能详的经典童话故事，我对这四个经典人物和荒诞有趣的故事情节有强烈的设计意愿，就想尝试做一款人物扮演类的桌游。四个人物形象性格鲜明，很快我就确立了配色和形象插画设计，也花了些心思来塑造他们的游戏技能。"

吉如告诉我们，她觉得《爱丽丝梦游仙境》的故事脉络很适合设计为地图形式的桌游版图。"因为原著中的爱丽丝也是进行了类似闯关的一种行动，所以设置成地图也会跟原著比较符合。"游戏像飞行棋一样，通过掷骰子的方式赛跑，途中会偶遇各种机遇和障碍，大大提升了游戏的趣

ADVENTURE BOARD GAME
MAD HATTER
WHITE RABBIT
ALICE
RED QUEEN
DRINK ME

味性，也非常契合原著中爱丽丝稀奇古怪的冒险旅程。

当我们询问吉如制作这款桌游的愿景时，她说：“我设计这款桌游的愿望比较简单，首先是完成学校布置的课程作业，其次是想做一个插画类个人作品的尝试，这算是我第一个完整的插画类包装设计作品。”

《爱丽丝梦游仙境》的游戏定位是一款冒险类角色扮演桌面游戏，适合2-4人，玩家可以自由选择想扮演的人物：爱丽丝（Alice）、白兔先生（White Rabbit）、疯帽子（Mad Hatter）和红皇后（Red Queen）。选好要扮演的角色后，玩家通过掷骰子从起点进入地图开始游戏，途中每位游戏玩家若走到相应的格子，就可以收集优势卡（Drink Me卡）或劣势卡（Eat Me卡）以获得不同的优势和劣势，最先到达终点的人物获胜。吉如说，她非常喜欢爱丽丝梦游仙境故事中的经典桥段Drink Me 和Eat Me，因此将它们添加到桌游设计中。而她也结合了故事中每个人的特点来设计角色的技能。

吉如向我们介绍道，“在游戏中，每个人物都有其独特的技能，抽取到自己可以使用的优势卡才可以发动优势，爱丽丝可以变大，即骰子数字翻倍向前行走；白兔先生可以控制时间，即可以让其他三个人物停走一局；疯帽子喜欢下午茶（Tea Time），他可以拿取5张优势卡；红皇后有红心骑士（Knave of Hearts），她可以随机抽取其他三位玩家手中的卡片。反之，如果玩家抽到劣势卡，每个人物都会受到相应的惩罚，爱丽丝变小，即骰子数字翻倍向后倒退；白兔先生掉进兔子洞，即倒退10步；疯帽子将停止下午茶时间，即拿出自己手中的5张优势卡；红皇后将停玩一局。”

完成设计后，吉如开始进行后期的制作。“因为不想仅仅把它当作一个作业。在设计初期，就有把它做出来的想法，于是设计完成之后就开始准备后期要做的内容了。首先，我需要打印并剪裁卡片、制作可折叠的地图板子、简易说明书和包装外壳。其次，我网购到了和我设计配色完全吻合的4色骰子。但最难办的是我想定制一套四只的玩家棋子，可是无从下手。在询问了雕塑专业的朋友后，发现可以用橡皮泥原料自己打磨并烘烤后进行上色，最后剪裁人物正反面图样粘贴装饰后就成型了，效果让我非常满意。”

一款自制桌游，通过游戏构想到完成设计再到手工制作，这些工作看似容易，其实也耗费了不少心力。但幸好吉如没有轻易放弃，才让更多人看到了这款精美的桌游。令人欣喜的是，该游戏发布在社交软件中后，吉如收到了非常多的好评，虽然这是一款自制的限量桌游，但许许多多的网友仍希望可以买到这款游戏。如今，5年过去了，吉如已经成为一位母亲。对待工作绝不含糊，对待宝宝细心负责，这就是设计师吉如。爱丽丝终有回到现实世界的那天，而吉如也会在她的世界里认真生活。

对于那些普通人已经有认知基础的故事背景，将一些鲜明的故事元素通过符号化的形式提炼出来，成为游戏中指代分数、属性或者区域的 ICON，是常用的设计手法，反倒要比复杂的情景重绘或者具体的人物形象更能让人产生代入感。而在这款游戏中的盒子和背板上你能找到许多《爱丽丝梦游仙境》中的代表性物品，如钟表、杯子、蛋糕等。

TTER
DRINK ME
MAD H
KNAVE
You may use this card one time to take one of other players' drink me cards.
WHITE RA
ALICE
EAT ME
GET BIG
DRINK

CHESHIRE CAT
You are dangerous!
DRINK ME
TEA PARTY
You may use this card one time to draw 5 drink me cards in this round.
GET BIGGER
You may use this card one time to double your step in this round.
RED QUEEN

03 SOFYA VOEVODSKAYA

索菲娅 · 沃沃德卡亚

《银河农场》 *Conduit*

1–10 8+ 15–30

2018 年，索菲娅 · 沃沃德卡亚第一次了解到桌游。作为一名艺术家，她立刻对桌游设计产生了浓厚的兴趣。游戏设计是如何为玩家服务的？桌游的设计有什么特别之处？带着这些疑惑，她决定自己做一款桌游，寻找其中的奥妙。受到温室的启发，她决定制作一款卡牌类桌面游戏。在《银河农场》里，每个玩家都是一个太空农场公司的负责人。游戏初始时，玩家手中会有一些金币、能量和资源。游戏中，玩家轮流抽取卡牌，用金币雇佣工人，占用土地资源运输能量，以便在银河系出售。游戏结束时，收益最多的人获得胜利。据索菲亚介绍，她非常喜欢有机植物类的主题。“目前我正在学习成为一名景观设计师，因此我希望自己设计的这款游戏像一个巨大的有机农场，玩家在里面享受竞争和掠夺的快感，这非常有趣。”

受“沙丘宇宙”和莫比乌斯漫画系列的影响，索菲亚的设计风格结合了两者之间的特色。卡牌正面的画风鲜艳明亮，而整体采用黑白风格，形成一种视觉冲击感。在索菲娅看来，任何生活中发生的事情都可以转化为视觉设计，制作为漫画、游戏或插图，而这也是设计的美妙之处。

CONDUIT
game from another world
age 8+ | 15-30 min | 1-10 playyers
synthesizer

很大一部分桌游都会涉及统称为“资源”这样的概念，尤其在卡牌游戏中，“资源”符号的设计要与 UI 自洽，同时也要尽可能和牌面插画形成鲜明的对比，这样才能保证其高辨识度，便于玩家直接读取到重要的卡牌信息。“货币（Cion）、能量（Energy）、资源（Resource）”是《银河农场》中三个驱动游戏的设计要素，符合我们所说的设计规则。

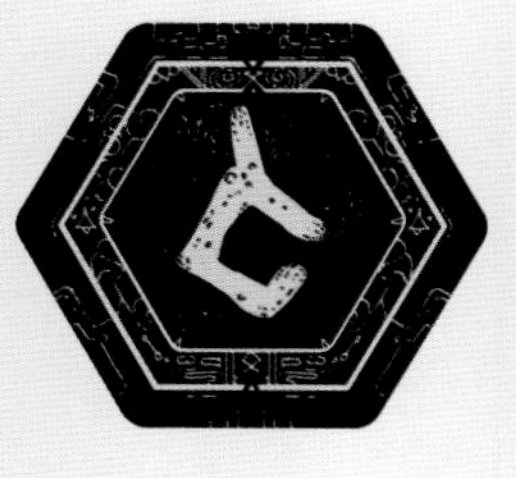

COIN

ENERGY

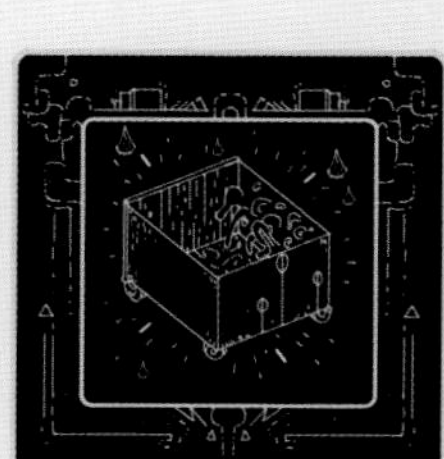

RESOURCE

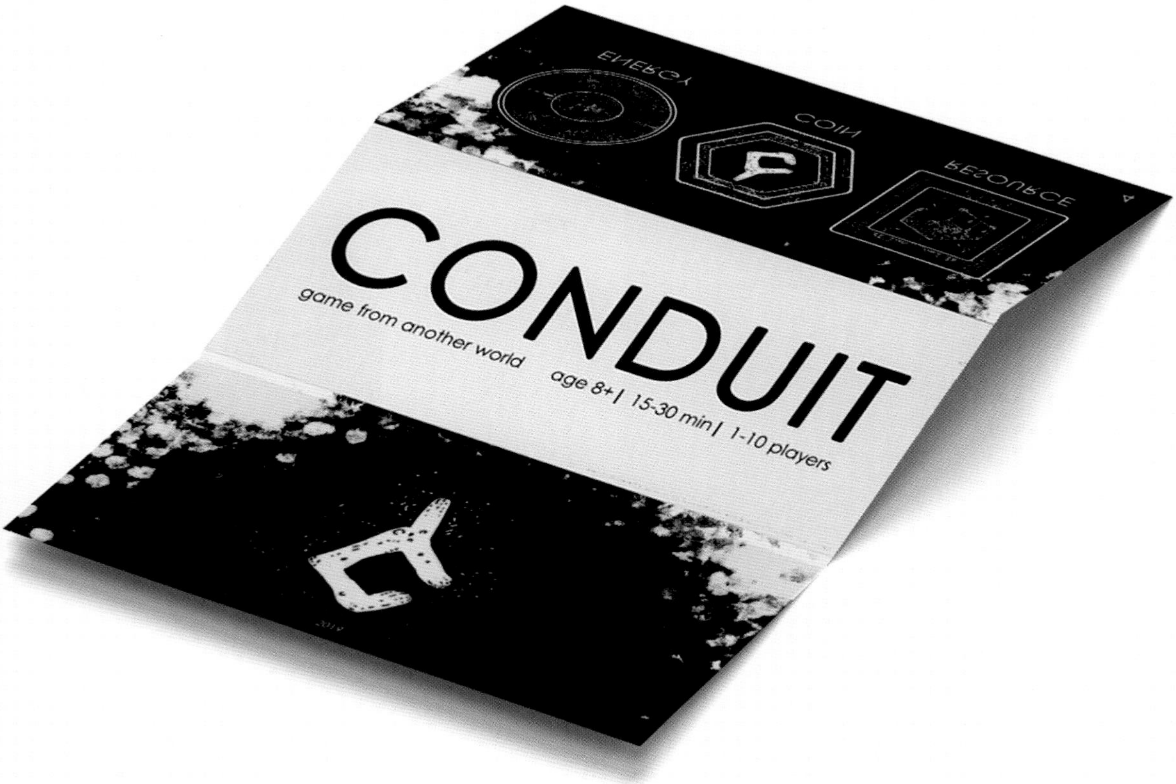
ENERGY
COIN
RESOURCE
CONDUIT
game from another world
age 8+ | 15-30 min | 1-10 players

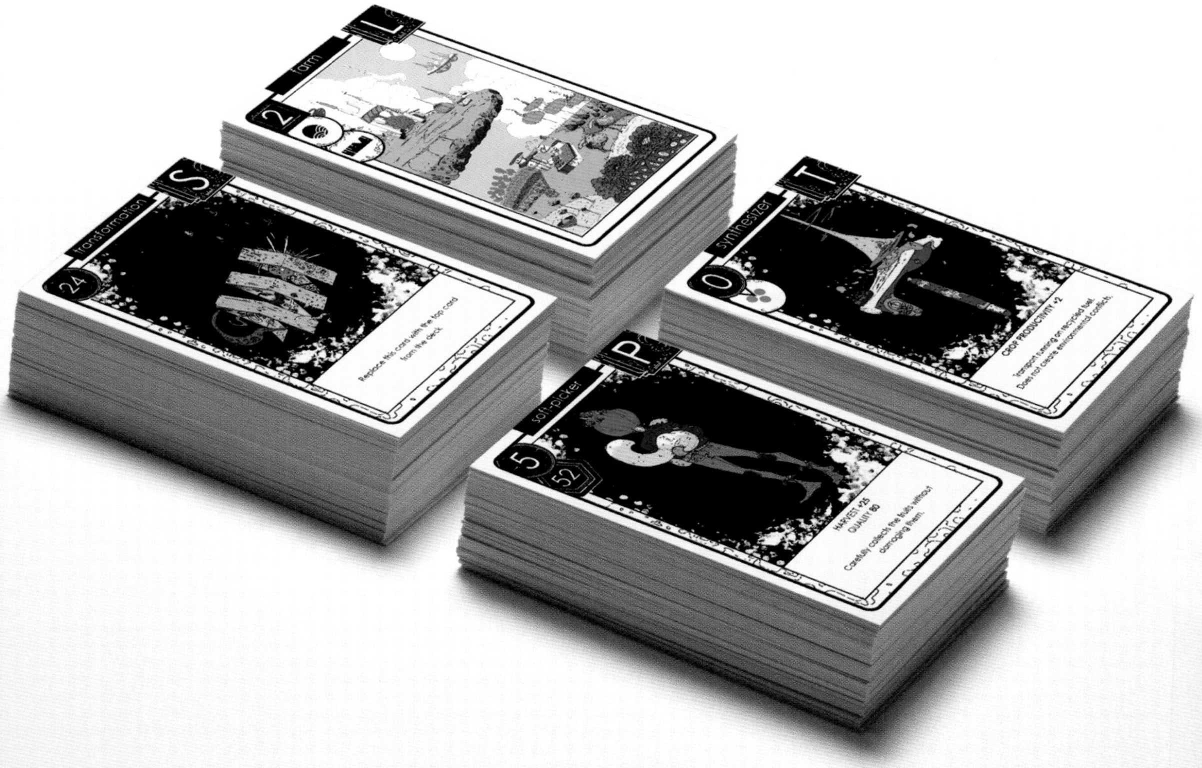
farm
transformation
Replace this card with the top card from the deck
synthesizer
CROP PRODUCTIVITY +2
Transport running on recycled fuel.
Does not create environmental conflicts.
soft-picker
HARVEST +25
QUALITY 80
Carefully collects the fruits without damaging them.

04 MARYA EGOROVA
玛丽亚 · 叶戈罗娃

《勃鲁盖尔主义》Bruegelism

2-6 10+ 40-60

老彼得 · 勃鲁盖尔（Pieter Bruegel）是文艺复兴时期的知名画家。他擅长描绘乡村生活，画风简洁鲜明，并富有艺术性，许多插画家都将他视为偶像。玛丽亚 · 叶戈罗娃是一名来自立陶宛的设计师，在学习绘画期间，她了解到老彼得 · 勃鲁盖尔的故事和画作后，非常欣赏，并希望还原当时生活的环境和经历。因此，她决定设计一款桌游，结合老彼得的画作和故事，讲述一个架空的童话故事。于是，《勃鲁盖尔主义》诞生了。

在一片神秘的大地上，生活着善良的天使和坏心眼的恶魔。人们来到这片大陆冒险，当恶魔遇上冒险家，天使遇到艺术家，故事会产生怎样的火花？答案就在游戏中。游戏规则十分简单，玩家通过掷骰子前进，在前进过程中会翻阅卡牌并触发剧情，卡牌会触发一些影响游戏进程的效果，玩家也会获得相应的分数。第一位玩家到达终点时，游戏结束。分数最多的玩家获得胜利（最先到达终点的玩家会额外获得高分，但不一定是最高分）。《勃鲁盖尔主义》的画风来源于20世纪20~30年代的卡通风格——“橡胶软管动画”，代表作为《米老鼠》（Mickey Mouse）。而游戏中的人物也来源于文艺复兴时期真实的人物事件。“在查阅了许多文献后，我编辑了一本20页的小册子，其中详细介绍了那个年代的历史事件，通过游戏的互动会更加了解老彼得时期的精彩故事。”

Brueghelism

Starring Pieter Bruegel the Elder

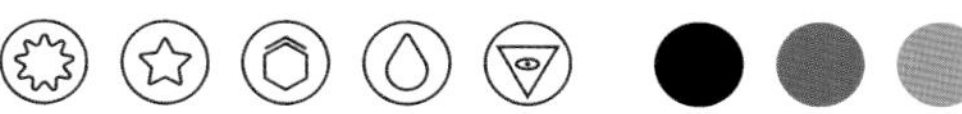

05 ARANTXA GISBERT LÓPEZ

阿兰查·吉斯贝特·洛佩斯

《格林的森林》 Grimm's Forest

很久很久以前，在一片阴暗森林的深处，隐藏着罪恶的烙印。传说只有勇敢的人们才能到达这里。你敢进入这个世界吗？

据说，格林童话的真实版本与我们听闻的美好版本完全不相符。在听闻了一些“暗黑版”的格林童话后，设计师阿兰查决定将部分格林童话的真实故事设计成一款桌游，还原真实的格林童话。《格林的森林》是阿兰查设计的一款成人桌游，玩家会以编故事的方式发现格林童话的真实面貌。玩家通过掷骰子和翻阅卡牌的方式收集线索，并向森林中心走去。越接近森林的中心，离格林童话的真相就越近。在游戏里，棋盘的图案、图块和游戏角色都有自己的符号，分别对应游戏中的不同故事。红色代表小红帽、紫色代表睡美人、橙色是汉塞尔和格莱特等。

阿兰查说：“在设计游戏时，我选择了一些童话中的经典物品：比如咬了一口的苹果，灰姑娘的水晶鞋，小红帽的外套和魔镜等，将它们放在游戏背板的插画中，提高游戏的观赏性和玩家的兴趣。我想表达的是一种‘故事在此浮现’的效果。”

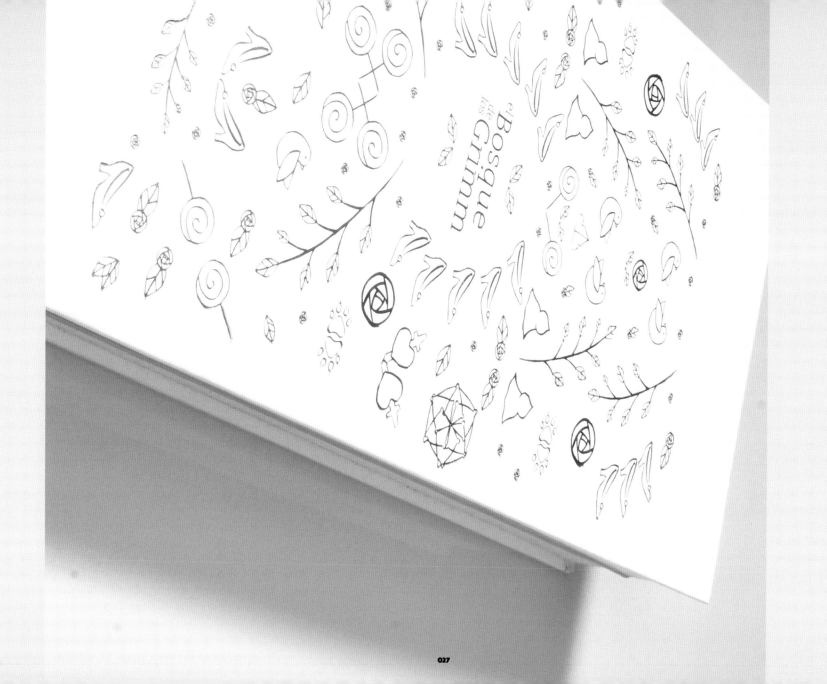

el Bosque de los Grimm

《格林的森林》在产品装帧方面有很多兼顾象征性与实用性的巧思。例如：游戏盒子装在一个木制的封套中，给人一种从森林中抽出一本童话书的感觉；而盒子打开的方式也是书籍打开的方式，并非常见的“天地盒”；另外，封面的环衬就是版图，在空间上进行了高度整合；再翻过来，则是游戏规则说明书，而游戏配件被很好地藏在了“这本书”的厚度中，不同的故事又用其标志性的元素分在不同颜色的盒子中，便于玩家有针对性地取出或者收纳。

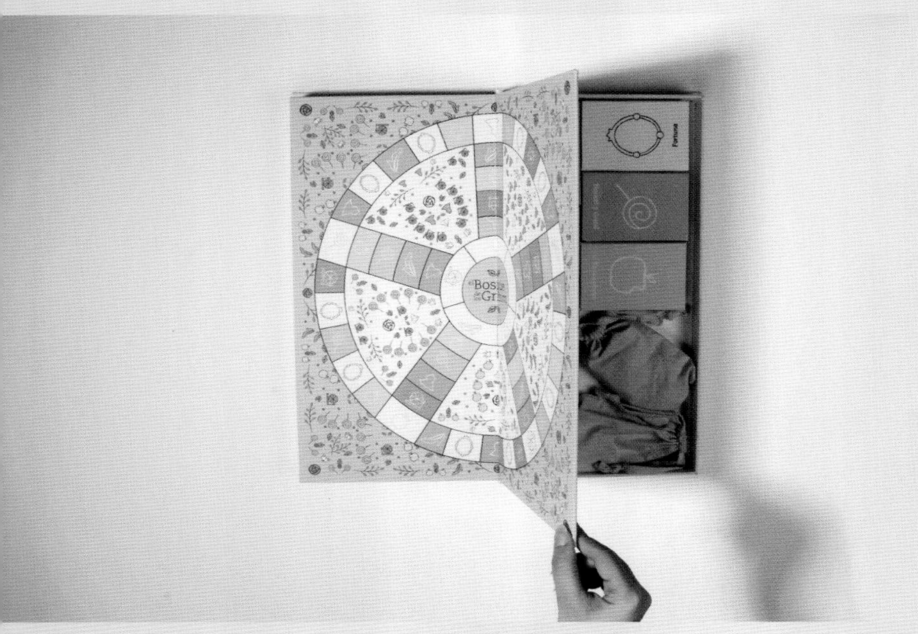

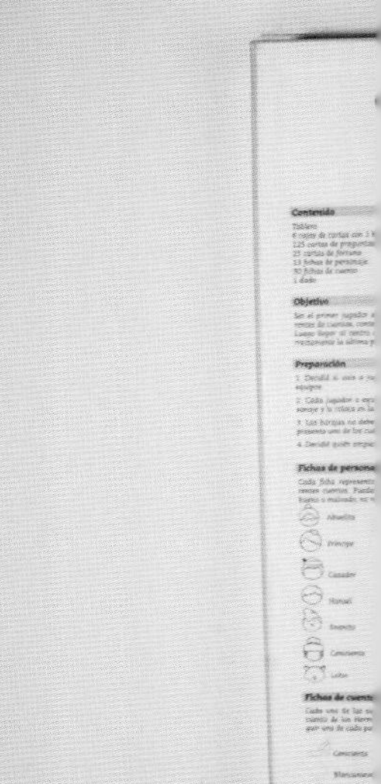

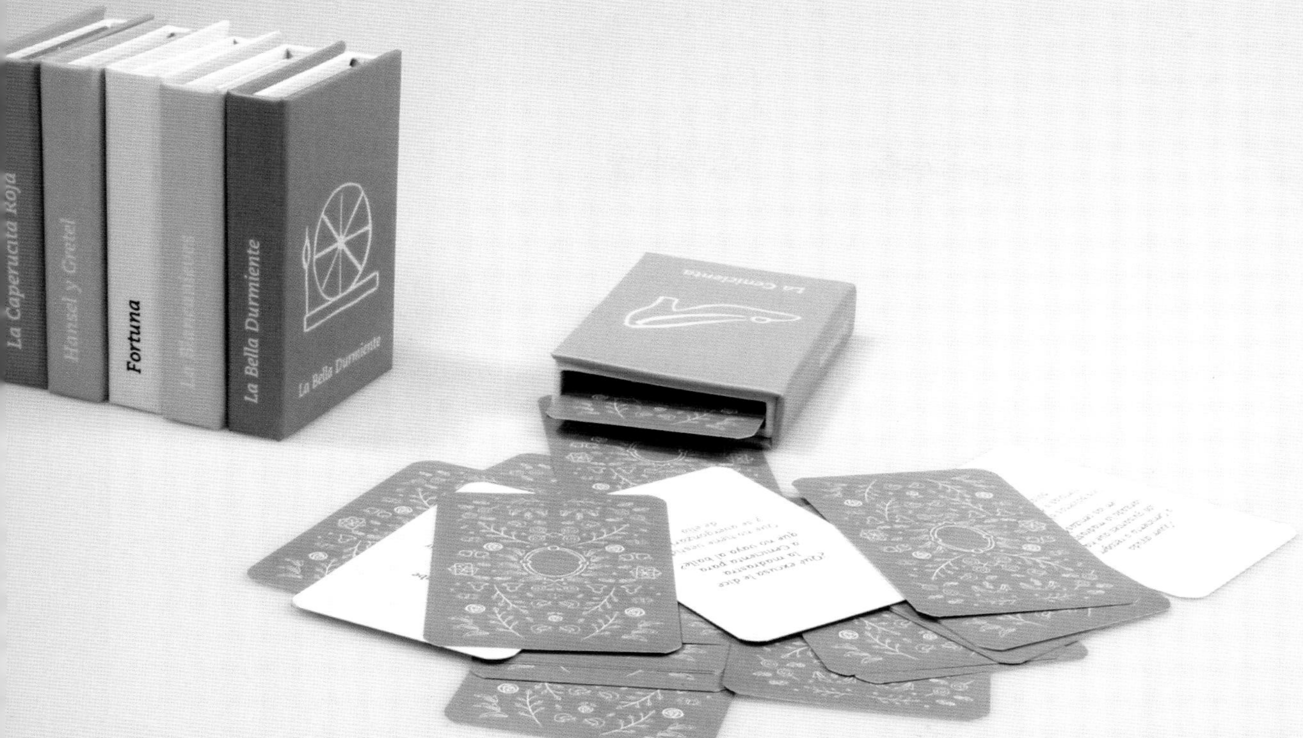

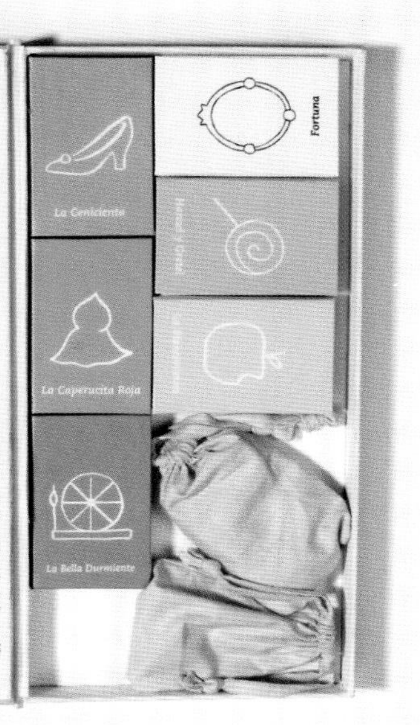

La Caperucita Roja
Hansel y Gretel
Fortuna
La Bella Durmiente
La Bella Durmiente
La Cenicienta

La Cenicienta
Fortuna
La Caperucita Roja
La Bella Durmiente

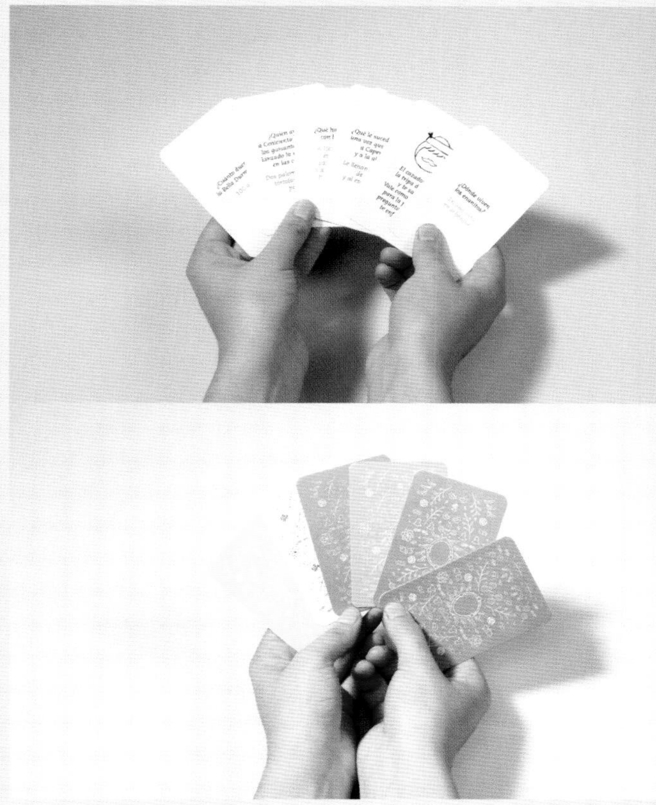

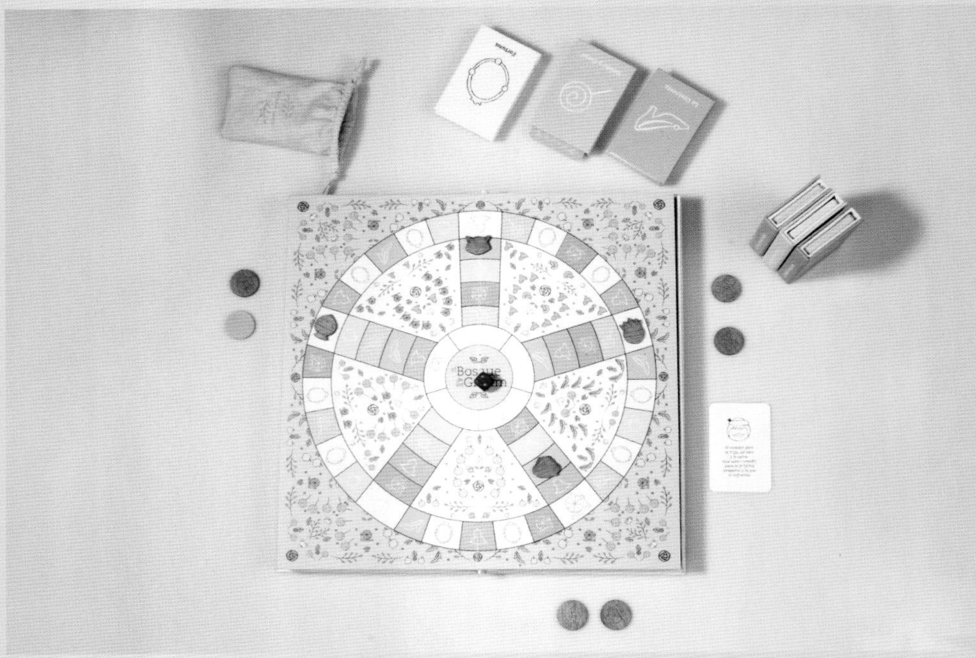

游戏的指示物（Token）与骰子没有采用塑料或者亚克力的材质，而是都选用了与封套木盒材质相同的木块，保证了游戏的配件质感统一，而粗布缝制的收纳袋也可达到相同的效果。

06 MIRIAM HANSEN

米丽娅姆·汉森

《月球》 Loonar

2–4

10+

60

2018年，米丽娅姆·汉森正被毕业设计烦恼着。由于专业需要，她的导师要求她设计一个模拟用户体验（UX）的作品。出于对月亮的喜爱，她决定设计一款以月亮为主题的桌游——《月球》。“我喜欢月亮，因为它忽远忽近，神秘无比。我时常会幻想在月球上发生的一些神奇的故事，也多亏了这次的项目设计，能让我尽情发挥想象力。”

游戏《月球》中共有 4 个部落，每个部落都为最重要的资源——月水而战。玩家需要在地图上探索并搜寻珍贵的月球植物以得以生存。“在设计游戏时，我的关注重点在于提高玩家的自由选择度，并最大限度地减少运气的影响，因此我决定用行动点代替掷骰子。例如，玩家花费一个行动点来决定自己的行动，可选择的行动有扩展地图区域、浏览地图全貌或寻找不同的生物群落等。”游戏中有 4 个人物模型作为部落里的月亮猎人，除了代表玩家的作用以外，每个猎人都有自己的故事和符号象征。为了达到醒目的设计效果，米丽娅姆将游戏背板转移到了包装盒上，达到了一物多用的效果。

从设计到对角色进行 3D 建模，汉森独挑大梁，也正是通过这款游戏，她逐渐走出了自己的舒适圈。如今，她已成为一名优秀的 UX 设计师，为了打磨好的作品而默默努力着。

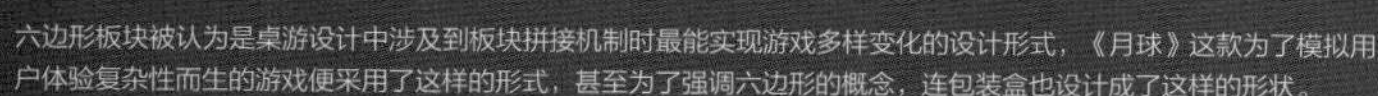

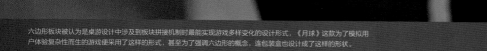

六边形板块被认为是桌游设计中涉及到板块拼接机制时最能实现游戏多样变化的设计形式，《月球》这款为了模拟用户体验复杂性而生的游戏便采用了这样的形式，甚至为了强调六边形的概念，连包装盒也设计成了这样的形状。

CHAPTER 2
第二章

用桌游可以解决生活中的问题吗？

里克·班克斯（Rick Banks）设计的《字体王牌》（Type Trumps）是最早给我创作这本书灵感的作品之一，我在财经媒体上读到一位字体设计师做了一款关于字体 Helvetica 和 Arial 的桌游，来帮助人们更好地掌握排版时的字体应用……这很奇怪吗？如今这些被称为“功能性游戏”的产品，在设计之初都承载了设计师希望改善生活的愿望，在他们看来，桌游的形式更便于人们学习掌握知识，建立对未知事物的理解。

克什塔·古普塔 艾什瓦尔雅·乔希 /《孵化》
阿蒂蓬·迪旺基 /《手语游戏》
耶珀·S. 克里斯滕森 亚历山大·坎迪洛罗斯 /《故事》
亚娜·苏克尼科娃 /《岛屿》
西尔维亚·科拉尔 安娜·玛丽亚·吉希 卢斯·玛里亚·安德鲁·马丁内斯 安德烈亚·佩雷格林 /《区域》
雷兹·王 /《我的学校初体验》
马丁·奥尔松 /《迷情 36 问》
里克·班克斯 /《字体王牌》
娜奥米·威尔金森 /《我的太空冒险》《我的丛林冒险》
艾塞古尔·图甘 /《伊兹密尔》
安娜·穆尼兹·萨拉斯 /《拉佩兹》

CHAPTER 2

第二章

用桌游可以解决生活中的问题吗？

里克·班克斯（Rick Banks）设计的《字体王牌》（Type Trumps）是最早给我创作这本书灵感的作品之一，我在财经媒体上读到一位字体设计师做了一款关于字体Helvetica和Arial的桌游，来帮助人们更好地掌握排版时的字体应用……这很奇怪吗？如今这些被称为"功能性游戏"的产品，在设计之初都承载了设计师希望改善生活的愿望，在他们看来，桌游的形式更便于人们学习掌握知识，建立对未知事物的理解。

克什塔·古普塔 艾什瓦尔雅·乔希 /《孵化》

阿蒂提·迪旺基 /《手语游戏》

明坦·S.克里斯滕森 亚历山大·坎迪洛罗斯 /《故事》

亚娜·苏克尼科娃 /《岛屿》

西尔维亚·科拉尔 安娜·玛丽亚·吉希 卢斯·玛里亚·安德雷·马丁内斯 安德烈亚·佩雷格林 /《区域》

雷兹·王 /《我的学校初体验》

马丁·奥尔松 /《迷情36问》

里克·班克斯 /《字体王牌》

娜奥米·威尔金森 /《我的大空冒险》《我的丛林冒险》

艾塞古尔·图甘 /《伊兹密尔》

安娜·德尼兹·萨拉斯 /《拉佩兹》

07 LAKSHYTA GUPTA
克什塔 · 古普塔

AISHWARYA JOSHI
艾什瓦尔雅 · 乔希

《孵化》 *Hatch*

2-6 10-14 30-45

解决儿童心理问题
——对话印度设计师拉克什塔 · 古普塔与艾什瓦尔雅 · 乔希

著名心理学家皮亚杰（Piager）的一项研究曾指出儿童的经验对认知发展的必要性，并指出获得某种程度的能力，对进入下一阶段发展来说十分重要。若缺乏这种经验，则儿童在发展的过程中以及成年时运用这些经验的能力就会受损。不幸的是，身体、精神以及童年时遭遇过的创伤，使得许多儿童在童年时失去了获得这种能力的机会，而且会将很多时间和情绪用在保护自己的精神和心灵上。来自印度的设计师拉克什塔 · 古普塔和艾什瓦尔雅 · 乔希在印度马哈拉施特拉邦官立学校对7-9年级的学生进行了一些游戏研究。研究后，得出了类似的结论，一些问题（如害怕失败、自卑感、愤怒，以及遇到问题时缺乏积极的反馈等）可以追溯到我们的童年，童年发生的一些不好的经历会在实验中显现。而解决这一内在冲突最简单的方法就是游戏。通过游戏，我们可以了解孩子的内在，通过探索、测试来寻找消极性格（或自卑感）并打破它，让孩子焕发新的自我。

游戏的设计目的是将一些心理学的理论以游戏的形式表达出来，并且实践在孩子身上，旨在加强个人与他人的联结，让孩子展现新的自我。“在英语中，有一个单词hatch，意思是孵化，表示一个小动物刚刚诞生或破壳而出。我们根据这个英文单词的灵感，设计出了《孵化》这款游戏。我们希望每个孩子都可以通过这个游戏找到真正的自己。”拉克什塔这样说道。

游戏的配件包括以下主要部分

木板：圆形的木板，不设定起点和终点，表示自我发现是一个连续的周期。使用了鲜艳、友善的颜色（如橙色和红色），可以增强孩子在玩游戏时散发出的能量。

棋子和篮子：基本的圆柱形状是为了营造一种平等的感觉。当玩家赢得积分时，将卡片收到篮子里。

曼陀罗：曼陀罗也是圆形设计，象征着生命永无止境的概念。曼陀罗的设计意图是让忙碌的头脑休息一下，而让创意思维自由运转。

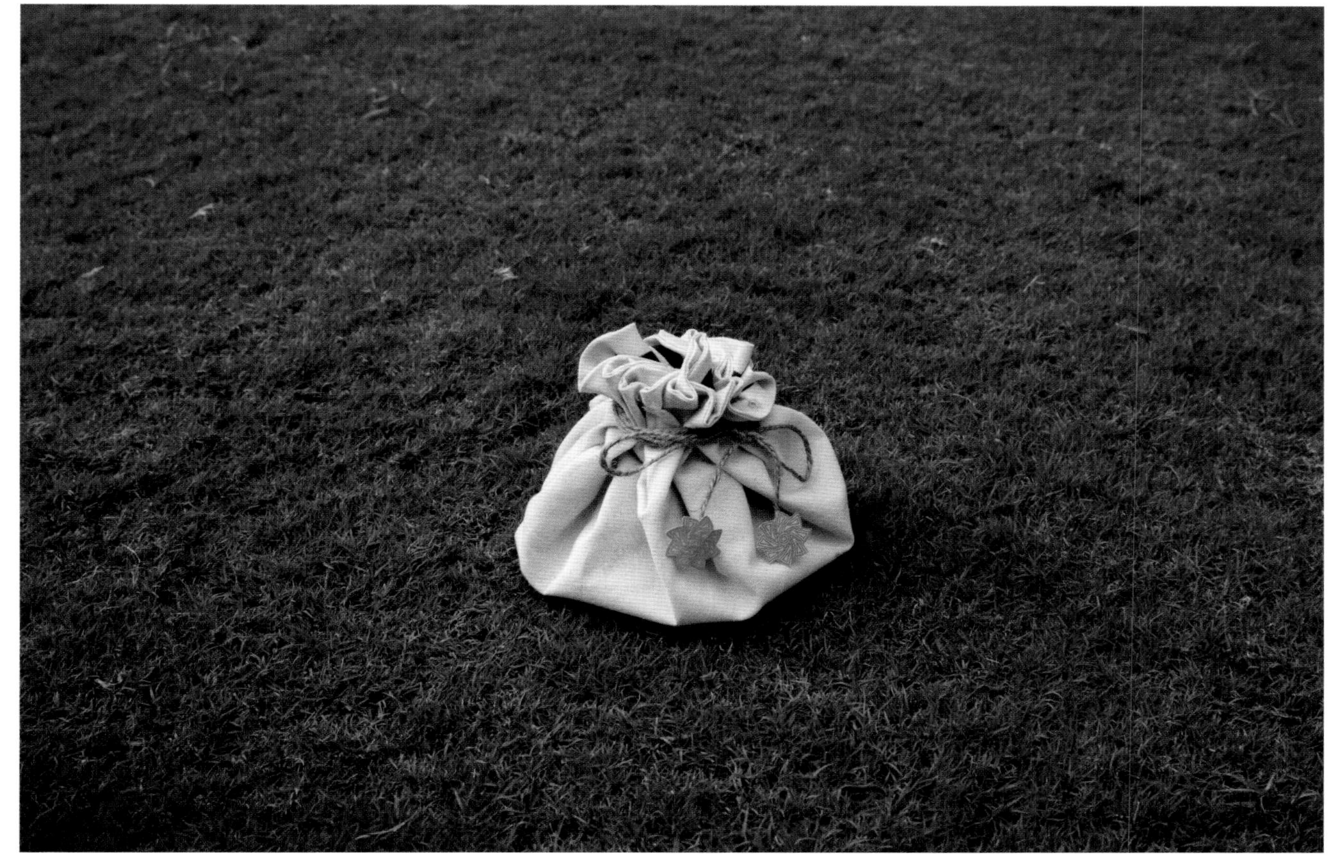

卡片：参考颜色心理学来分配卡片的颜色。例如，障碍卡—蓝色—蓝色是平静的颜色。因此，拿到这张牌的反应是和平的反应。

游戏规则

游戏背板是一个圆形木板上的一张可以自由收缩的白布。孩子们围坐在一起，选定一个圆圈作为起点，通过掷骰子的方式来决定谁先前进。在停下的时候，选择一张与颜色相符的卡片并按照提示进行操作，例如，有什么是你想做但还没做的事？附：寻找一个与你有同样心愿的人并一起去做。完成任务后，获得相应颜色奖励积分。第一个拿到所有颜色奖励积分的玩家获胜，游戏的目的不是竞争，而是让孩子在游戏过程中获得快乐。

卡片颜色的目的

设计师们根据颜色心理学的内容选择了几种颜色的卡片。其中不同颜色的卡片和内容代表不同的目的。

红色：在玩家中建立一个良好的环境。

粉色：培养对周围环境的敏感度及同理心。

靛蓝色：在游戏中制造不确定因素。

橙色：使玩家意识到自己的能力、长处和短处。

绿色：培养归属感。

最开始，实验人员试图用游戏来提高孩子们的自尊水平。但通过观察和研究后，她们意识到，心理学中的问题解决量表可以完美适用于实验。“最初，我们在孩子那里得到的反馈有些混乱，但在使用解决量表中的自尊心、自我效能和控制源这3个原理进行测试后，孩子们的积极性有了很大的提高，与同伴的联结也更加紧密。随后我们通过游戏，借鉴每个孩子的经历和情感来进行一些内心对话，使他们能够学习更多关于自己和同伴的知识。”拉克什塔也表示，游戏为孩子们带来的，是诚实地面对自己，“孩子们通过这款游戏打破了内在的性格，展现了新的自我。”

HATCH

Your autobiography will be named ________.
1. Born to party forced to study
2. Talk of the town
3. Cent percent innocent
4. Modern Gandhi
5. Smarty pants
6. Dangerously funny
7. Eat , sleep, study, repea
8. Master of all, jack of none

Only the lucky are reborn
& YOU are the chosen one!
You can pick only 3 of your
strengths from this life, to be
born with in the next. What will
they be?
Ps. Choose wisely.

08 ARTIPON DEEWONGKIJ

阿蒂蓬 · 迪旺基

《手语游戏》*Sign-lence*

2-10　7+　15-45

在泰国，患有听力障碍的人数已经达到 33 万。但令人难过的是，社会对残障人士的关怀还远远不够。据设计师阿蒂蓬 · 迪旺基的研究发现，聋哑人社区是一个小型的封闭社会，由于聋哑人使用的是手语，因此无法与普通人交流。虽然目前泰国已经做出许多努力帮助听障人士了解普通的社会，但仍缺少一个可以让普通人和听障人士顺利沟通的桥梁。阿蒂蓬看到了这些不足，并基于此设计了一款手语类记忆游戏《手语游戏》。游戏的机制是让玩家逐个学习手语词汇以创建手语句子。该游戏分为初级、中级、高级 3 个级别。另外，玩家可以购买扩展套件以获得新的词汇集。

在游戏研究过程中，阿蒂蓬发现，手语语言并不是全球统一的。就像口头语言一样，手语的上下文也会根据位置进行调整。例如，美国手语（ASL）仅在美国内部使用，无法与其他国家或地区交流。日本手语（JSL）也有属于自己的语言体系。这种情况使得在泰国学习变得更加困难，但这更加坚定了阿蒂蓬帮助听障人士的决心。阿蒂蓬说，“在设计这款游戏的过程中，我接触了一些听障人士的社区。他们思想开放，并且十分可爱。为了更好地去理解他们，打破语言障碍，我上了一个学期的泰国手语课。整个设计游戏的过程都给我留下了很深刻的印象，我很希望、也愿意帮助这些人们过上更好的生活。”游戏设计完成后，阿蒂蓬和朋友们一起进行测试，他表示，“根据我的测试，这个游戏不仅使玩家感到快乐，同时还让他们意识到听障人士是如何生活和交流的。此外，游戏还鼓励玩家理解并关注泰国社会中的听力障碍社区。”而这款游戏也获得了诸如 Adobe 设计成就奖、IF 设计奖等奖项，并入围了中国台湾地区国际学生创意设计大赛。

Sign-
Lence
ไซน์-เล่น :
กรุณางดใช้เสียง
2 - 10
7+
15 - 45'
อิ่ม
เพื่อน

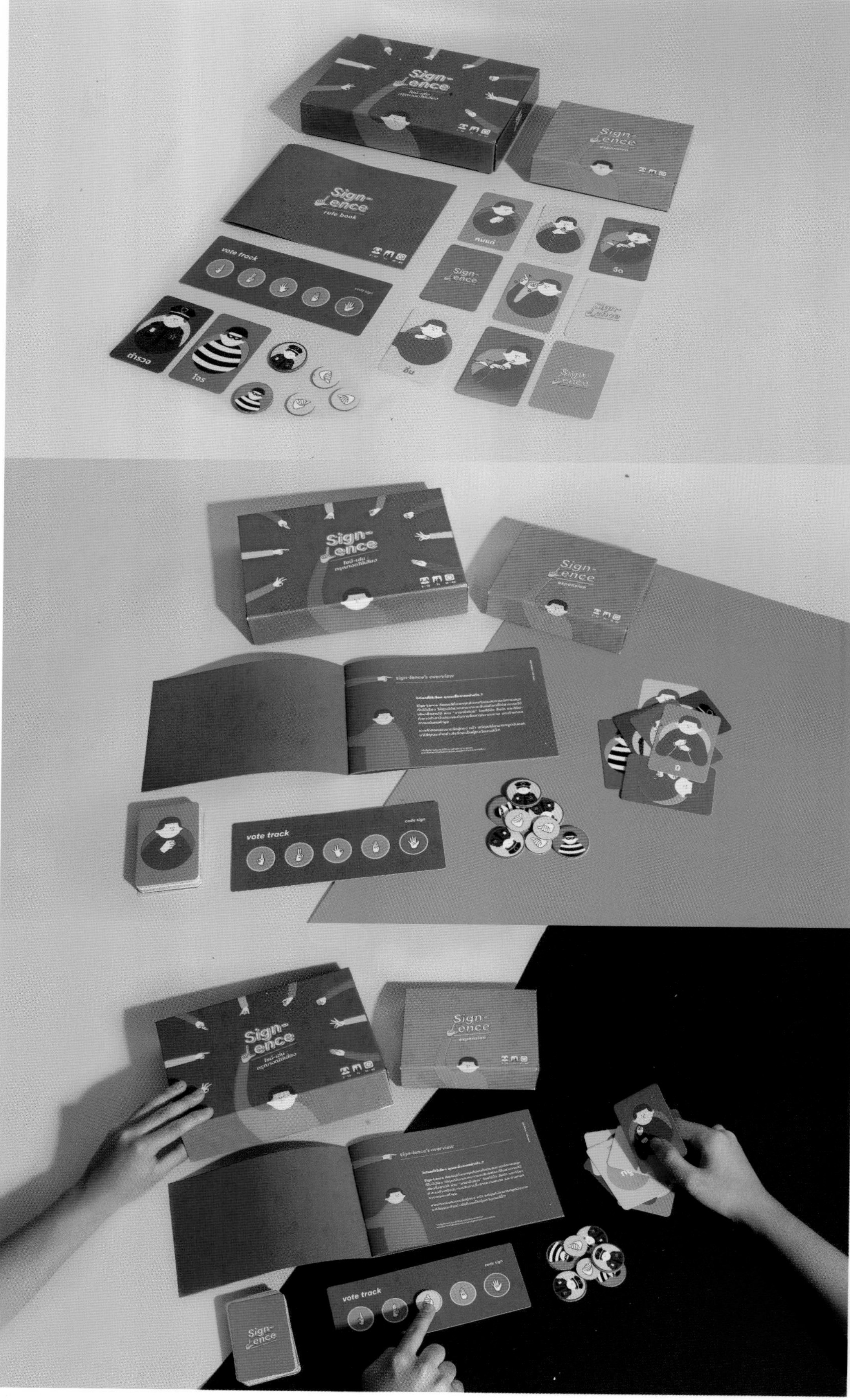
Sign-
Lence
rule book
vote track
code sign
expansion
sign-lence's overview

Sign-
Lence
ขม
เมื่อวานนี้
Sign-
Lence
แต่งงาน
Sign-
Lence
เดือน
Sign-
Lence
อิ่ม
Sign-
Lence

打

一手握拳向下击打。

等待

一手背贴于颏下，表示张望，等候。

加油

一手握拳屈肘，内向弯动一下。

什么

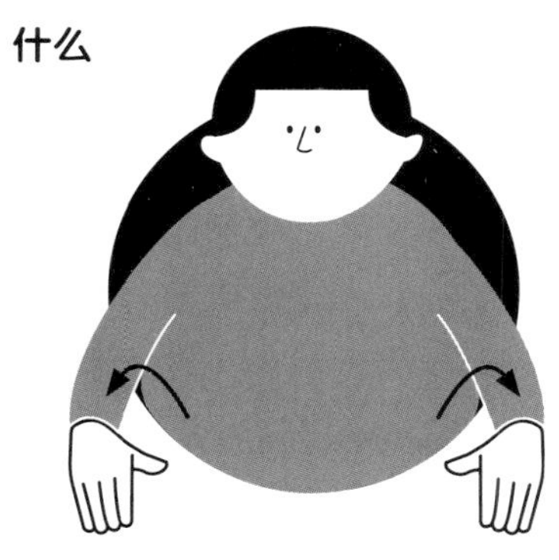

双手平伸，掌心向下，然后翻转为掌心向上。

高兴（愉快）

双手横伸，掌心向上，上下交替几下，面带笑容。（大拇指在外，小拇指在里）

他们

一手食指先指向侧方第三者，然后掌心向下，在胸前平行转一圈。

晚安

一只手五指与并拢的四指呈掌心向下，自胸部向下一按。

动手提示！一个人与 12 个基本手势，取下来后任意拼接，甚至可以参考手语说明书制作一段静帧动画，手语学习就这样入门啦！

09 JEPPE S.CHRISTENSEN
耶珀 · S. 克里斯滕森

ALEXANDER KANDILOROS
亚历山大 · 坎迪洛罗斯

《故事》 Story

每个人都爱听故事，越是有趣、惊险离奇的故事越能受到大家的喜爱。由忍者打印（3D Print Ninja）制作的桌游《故事》是一款类似于看图讲故事的游戏。150张照片卡可以满足玩家尽情讲故事的欲望！

游戏共有 8 张不同颜色的投票卡，每人发一张。一名玩家同时兼任主持人，将 150 张照片牌洗混，每人发 3 张。玩家不能给别人看自己的照片牌。主持人再从牌堆里抽出一张照片牌正面朝上放在中间。从年龄最小的玩家开始选择一张手牌，根据公共区域的照片牌来讲述故事，玩家所讲述的故事必须将两张照片牌联系在一起，上下文必须通顺。下一个玩家要根据上一个玩家的照片牌讲述另一个故事，以此类推。照片中的内容可能是过山车、极光等风景类图片，也可能是一些搞笑图片。所有玩家讲述完毕后，大家开始投票。投票分为两次，第一次投给讲故事能力最强的玩家，第二次投给逻辑性最强的故事。故事大王得 1 分，最佳故事得 3 分。每位玩家每回合将获得 0–4 分。最先达到 20 分以上的玩家获胜。

设计师亚历山大认为，由于手机的原因，现代人缺少交流，而这款游戏设计的初心就是希望可以通过讲故事的方法拉近人们彼此之间的关系，温暖彼此的生活。

SÄLLSKAPSSPELET
Story
Känner du igen en bra historia?
Story

Story
Story
Story
Story

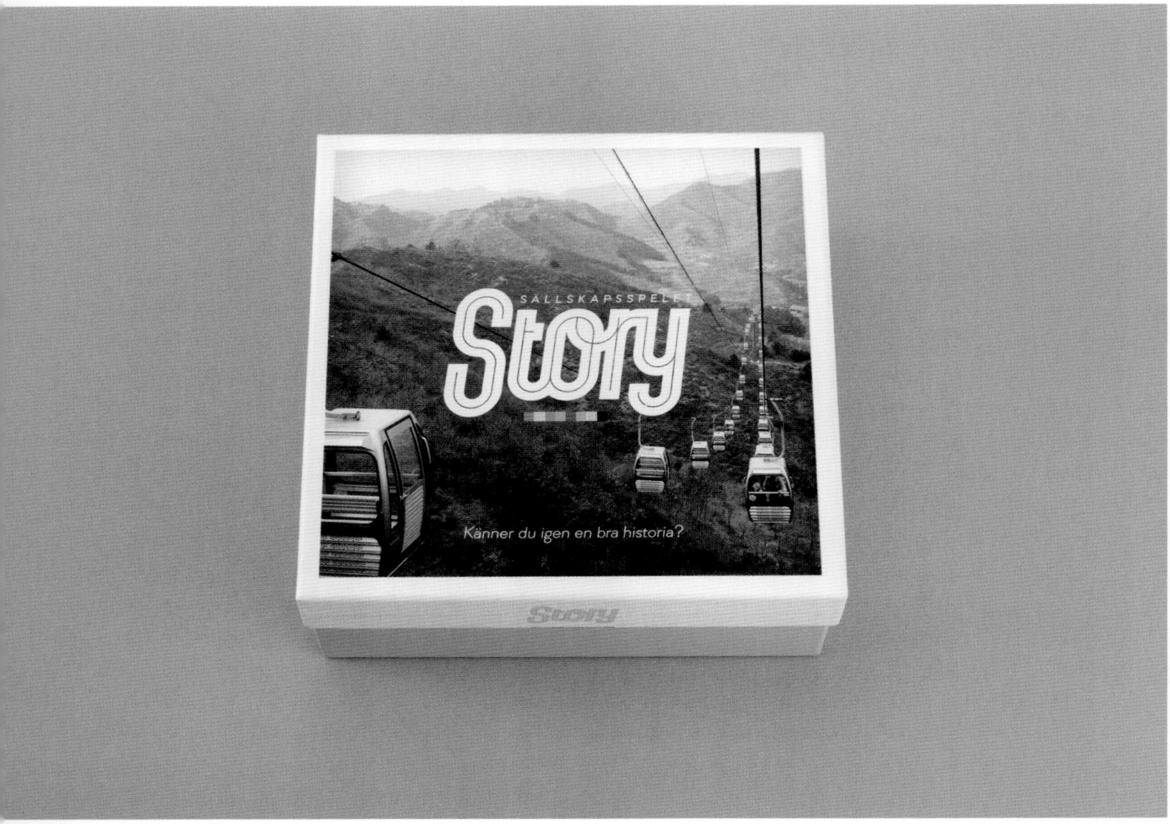

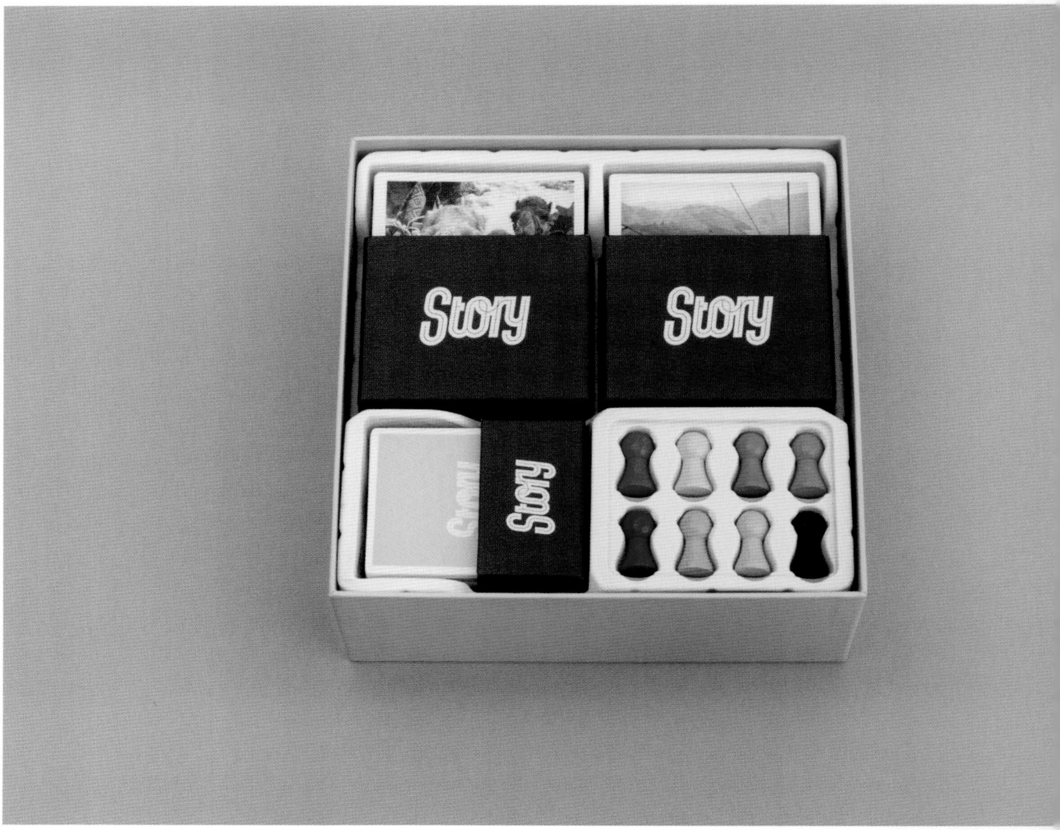

《故事》这款游戏在视觉设计上走到了一个桌游美术的“雷区”，但却用可控的方式避免了糟糕的效果。通常桌游美工都避免选择真实的照片（2020 年 SDJ 获奖作品《猜图高手》（Pictures）表示不服），因为通常会造成一种游戏廉价的感觉。但《故事》这款游戏却选择了画面构图简洁、有大量留白的照片，辅助醒目的 UI 设计，用风格化的设计避免照片产生的凌乱效果，可以说是一个很好的例外。

Story
Story
Story
Story

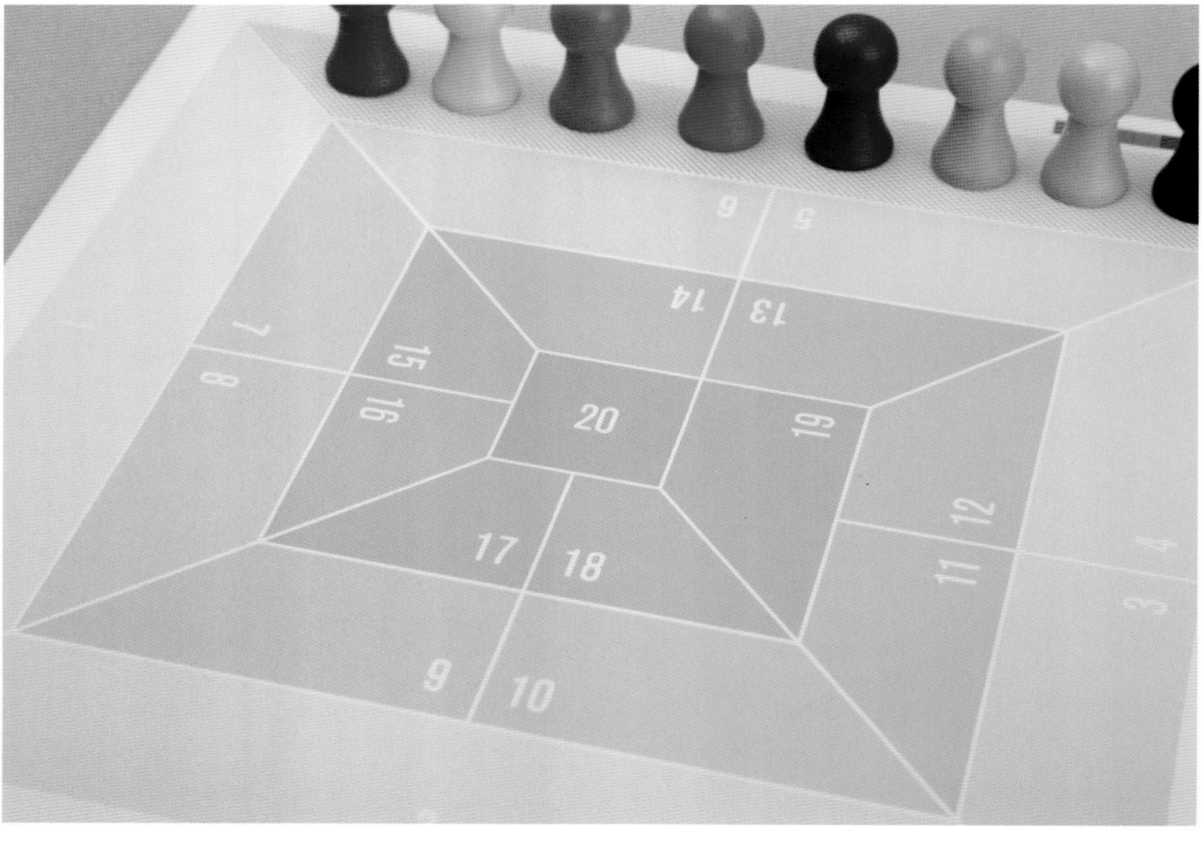

10 JANA SUKENIKOVA
亚娜 · 苏克尼科娃

《岛屿》 The Island

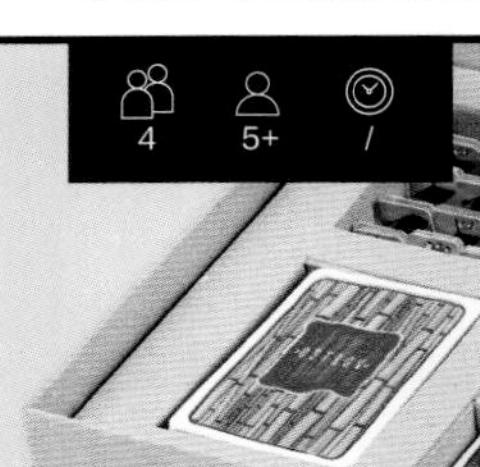

在英剧《黑镜》（Black Mirror）中，有很多集都在讲述人们被高科技电子产品操控而导致的悲剧结局。基于这个想法，亚娜 · 苏克尼科娃决定设计一款名为《岛屿》的系列桌游，让孩子们不再沉迷于电子产品，而是围坐在一起享受游戏的乐趣，逃离黑镜世界。《岛屿》包括一款策略桌游、一款记忆游戏和一款德国羊头牌（Schafkopf）游戏。游戏中，玩家需要结合羊头牌和记忆游戏来推进策略游戏的进行。游戏的主要目的是制造一条船来寻找财富或在另一个小岛开始新的生活。为了使游戏便于携带（尤其是出去野餐和露营），游戏版图采用磁片材质制作。

亚娜说，“我们身处一个随时随地都需要‘插电’的时代。手机、电脑、平板电脑等产品占据了我们大部分生活。许多孩子在还不会系鞋带的时候就已经学会从电脑和手机里下载游戏了。但身为一个平面设计师，我依然还有这样一个情怀：我希望我们可以周期性地经历一些‘不插电’的时刻，让我们的人际关系不那么冷冰冰的 。”

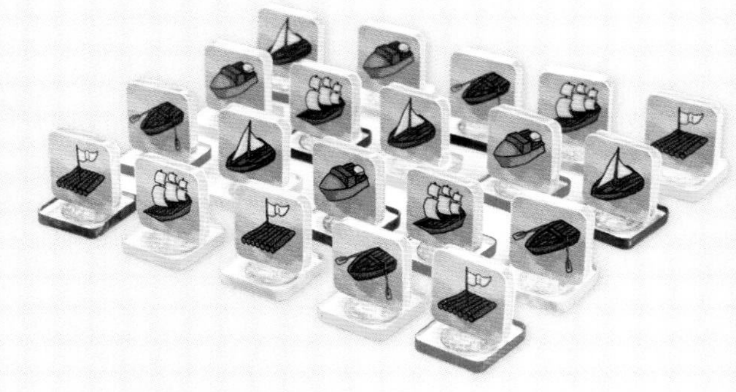

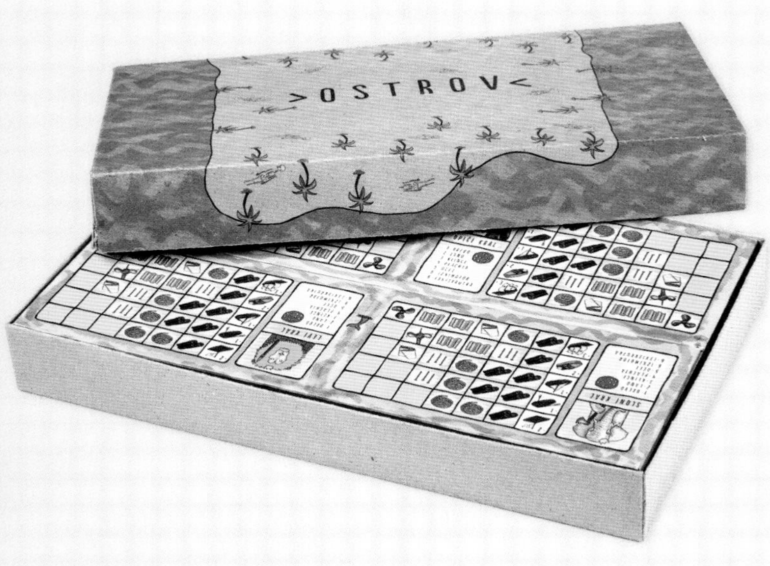
>OSTROV<

TORNÁDO ZNIČILO
VŠETKO TVOJE
DREVO, PRINIESLO
TI VŠAK KLINCE.

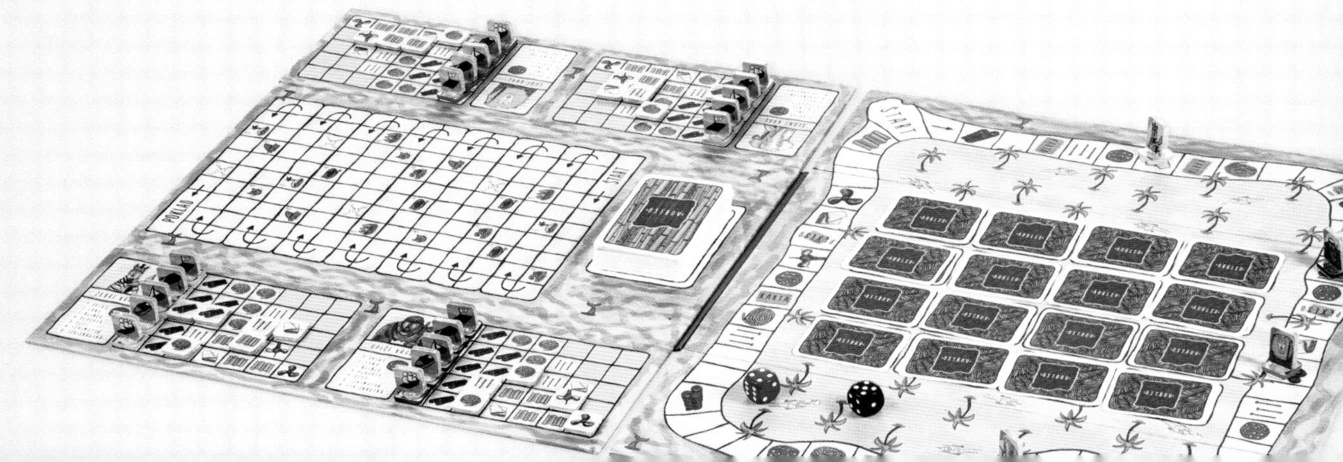
POKLAD
START
START

“财富牌”的设计让玩家在物质和道德上都有得有失，而在游戏中解锁这些财富的“密码”正是玩家对这座城市的了解——游戏设计自有其目的，其表现形式也各不相同，但如何设计玩家动机与玩家行为之间的关系，建立通往游戏目的的路径才是关键。

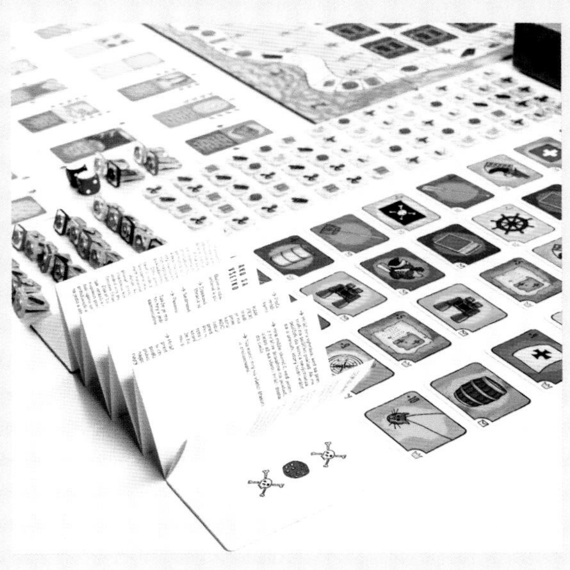

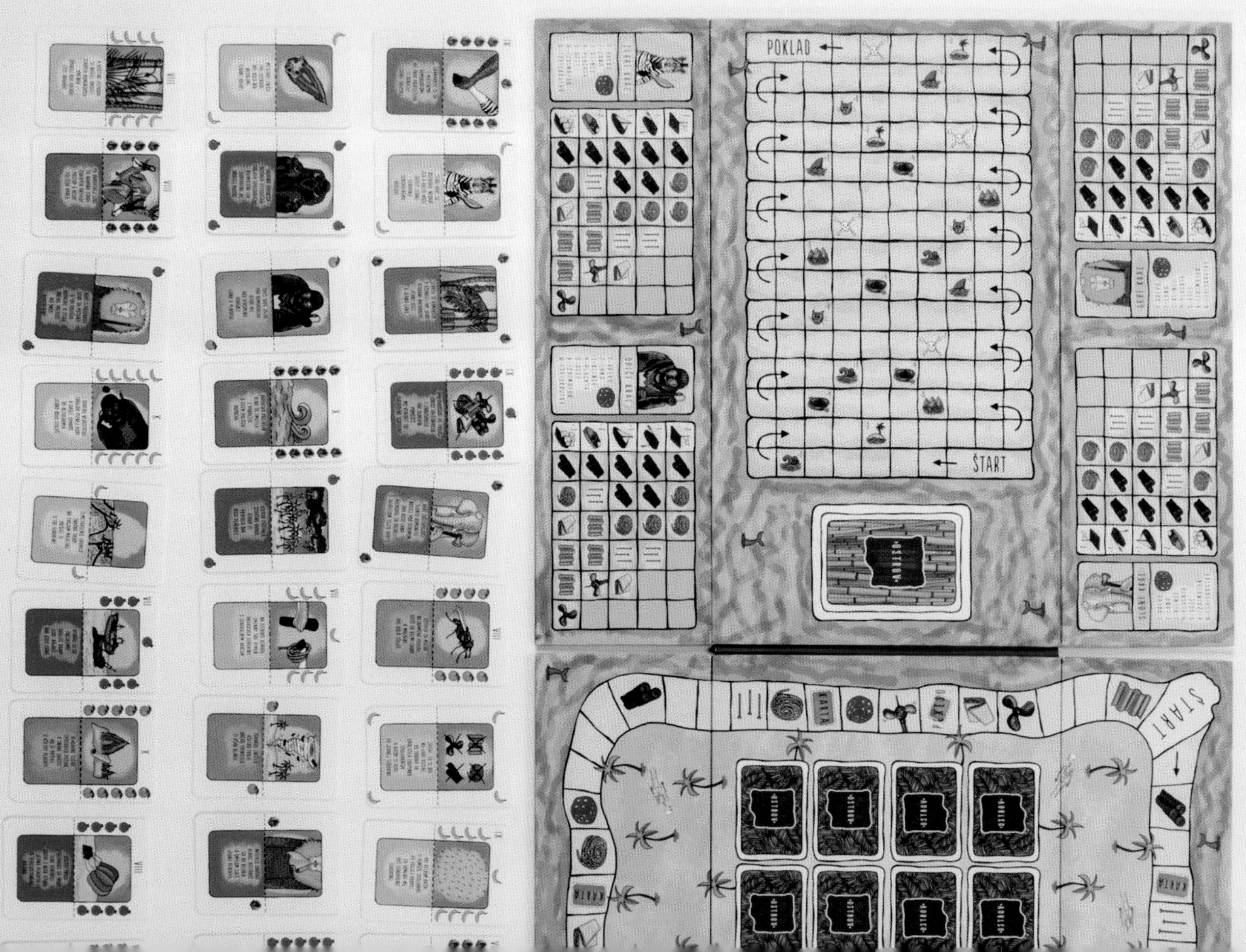
POKLAD
ŠTART
OSTROV
START
KARTA

>OSTROV<

11 SÍLVIA CORRAL / ANA MARÍA GIL
LUZ MARÍA ANDREU MARTÍNEZ / ANDREA PEREGRÍN

西尔维亚·科拉尔　安娜·玛丽亚·吉希
卢斯·玛里亚·安德鲁·马丁内斯　安德烈亚·佩雷格林

《区域》 *La comarca*

/　18+　∞

玛丽亚是一名来自西班牙巴伦西亚理工大学设计专业的学生。一次，同校道路与工程学院的学生在比赛中提交了一个项目提案，请求玛丽亚的设计小组帮忙做该项目的设计工作，此项目的设计初衷是为了提高人们对于道路管理的意识。因此，玛丽亚和其他三个女孩开始了这个作品的设计。为了提高作品的互动性，她们决定将作品设计为桌游。

首先，她们采撷了生活中常见的建筑做成艺术品，如医院、垃圾场、学校等。游戏的卡牌图案同样来自大自然，蓝色的波浪象征着大海，橘色的线条象征着麦地，黑色的三角形象征着教堂……玛丽亚说，“我们采用一种抽象的语言来表现游戏，结合十字线和鲜艳的色彩，目的是给玩家呈现简洁的质感。游戏里的颜色，是我们精心挑选的配色。”游戏的目标是为城市进行最合理的规划。玩家轮流抽牌并阅读卡片上的内容，将建筑模型摆在最佳位置，所有模型摆放正确时游戏结束。模型的最佳位置根据城市规划来摆放，如医院不能距离学校太远，垃圾场要与市中心有一定距离等。游戏在比赛中获得了很好的排名。

Tarjeta resumen

Tarjeta resumen

Urbano

Cada loseta vale 2C (carambolos). ¡Ojo! sólo puntuará el continuo urbano en el que esté situado el ayuntamiento.
Por cada bloque de 2x2 de urbano, se otorgan 2C extra.

Industria

Cada loseta conectada a una loseta de urbano vale 1C.

Huerta

Cada loseta conectada a una loseta de urbano vale 1C. Pero sólo puntuan hasta el número equivalente de losetas de urbano conectadas.

Monte

Puntúa las redes de espacio verde (losetas de monte, barbecho, agua y huerta conectadas). Cada loseta de monte integrante de una misma red vale 1C pero, ¡ojo! la primera no vale nada.

Equipamientos

¡Cuidado! Se restará 1C si:
-La loseta de urbano está demasiado lejos del hospital, de los institutos o de los colegios.
-Si la loseta de monte está demasiado lejos de los parques de bomberos.
-Si la loseta de urbano está demasiado cerca de un vertedero.

12 RAYZ ONG 雷兹・王

《我的学校初体验》*Experience My First Skool*

3-7

3+

30-45

童年，大概是人们最无忧无虑的时光。在新加坡有这样一所学校——第一小学，它是新加坡全国职工总会（NTUC）的一所附属小学。这所学校建立于1977年，立志于让孩子们在爱和快乐中成长。新学期伊始，第一小学委托柠檬图像（Lemongraphic）为该校儿童设计一款游戏，希望让孩子们在游戏中互相熟悉，拉近彼此的距离。设计师雷兹是柠檬图像的艺术总监，根据委托内容，他想到用Snap（捉对儿）游戏的形式来设计该游戏。捉对儿游戏在儿童之间很流行，是一款锻炼反应能力的纸牌游戏。游戏规则十分简单：小朋友们围坐在一起，每人分发固定数量的纸牌，由年龄最小的玩家开始按顺序轮流出牌，当出牌区里有两张图案相同的牌时，最先喊“Snap”并触碰到牌的人将牌全部收走。最后，纸牌最多的人获得胜利。

雷兹说，“这款游戏可以帮助孩子们掌握辨别不同图形、单词的技巧，还可以培养孩子们的耐心。”卡牌的文字和图案有12种不同的类型，如和平的心、快乐学习、计算能力、双语能力等。其中有4组空白牌，目的是让家长和孩子共同绘制出他们最喜欢或者他们印象最深刻的场景。对于父母来说，和孩子一起度过的时光非常重要，因此有了这样一款游戏，它可以加深与孩子的关系，让孩子感受到父母的爱。

雷兹表示：“在设计游戏时，我的脑海里想着一家人温馨和睦的样子。因此，在卡牌中，几乎每个卡通人物都是面带笑意的。在我看来，爱的教育非常重要，希望玩了这个游戏的小朋友们和家长们都能开心快乐。”

my first skool
PERIENCE
Y FIRST SKOOL
PCARD
ool, we know how
for you to spend quality
child as it helps deepens
hip and makes your child
have come up with this
rience My First Skool Snap
cluded in this deck are 4
ty Snap cards for you and
r child to draw out their
st MFS experience. Cards
you can gather the family
round and enjoy a fun
game time!
my first skool

EXPERIENCE
MY FIRST SKOOL
SNAPCARD

my first skool
RIENCE
FIRST SKOOL
CARD

JOY OF LEARNING
STEM-BASED LEARNING
my first skool

LEARNING
MAMA

CHARACTER BUILDING
LEARNING ZONES
MAMA SHOP
my first skool

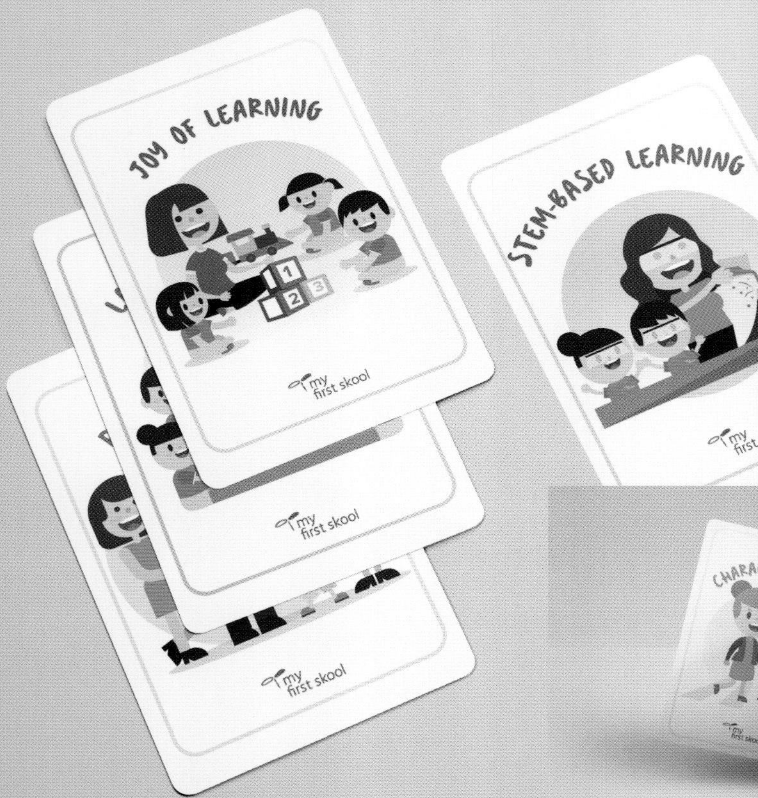

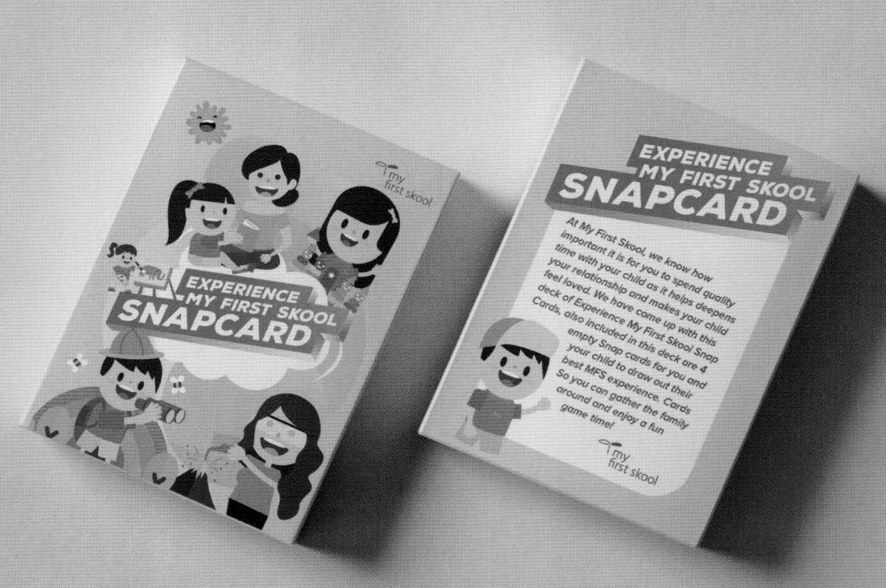

my first skool
EXPERIENCE
MY FIRST SKOOL
SNAPCARD
EXPERIENCE
MY FIRST SKOOL
SNAPCARD
At My First Skool, we know how important it is for you to spend quality time with your child as it helps deepens your relationship and makes your child feel loved. We have come up with this deck of Experience My First Skool Snap Cards, also included in this deck are 4 empty Snap cards for you and your child to draw out their best MFS experience. Cards So you can gather the family around and enjoy a fun game time!
my first skool

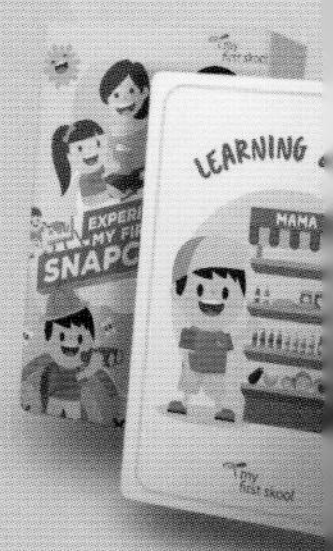

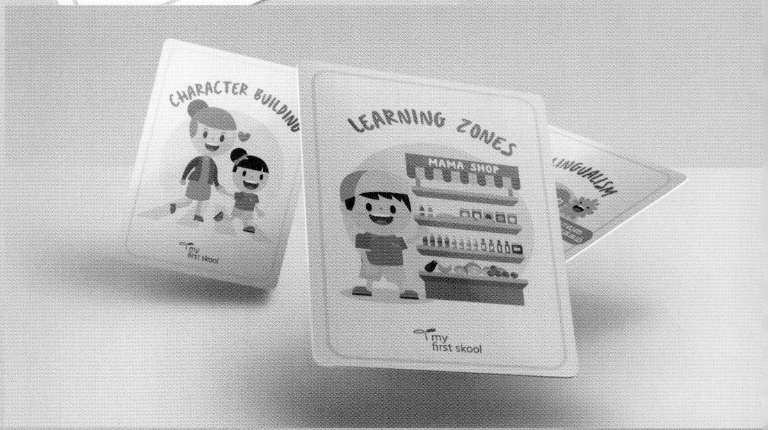

LOVE OF TEACHING
my first skool

EXPERIENCE MY FIRST SKOOL
SNAPCARD

SNAP CARD INSTRUCTIONS
my first skool
1 Minimum 2 players, with 1 dealer.
2 All cards are dealt by the dealer face down.
3 Each player to keep the cards dealt to them face down. The player on the left of the dealer begins the game by turning up his top card and putting it down in the middle.
4 Then each player repeats the same action, taking turns.
5 When two cards of the same image shows up, the first player to shout "Snap" and touches the stack of cards in the middle gets to keep the stack.
6 The player who eventually holds all the cards is the winner.

LOVE OF TEACHING
my first skool

ARTS-BASED LEARNING
my first skool

PEACE OF MIND
my first skool

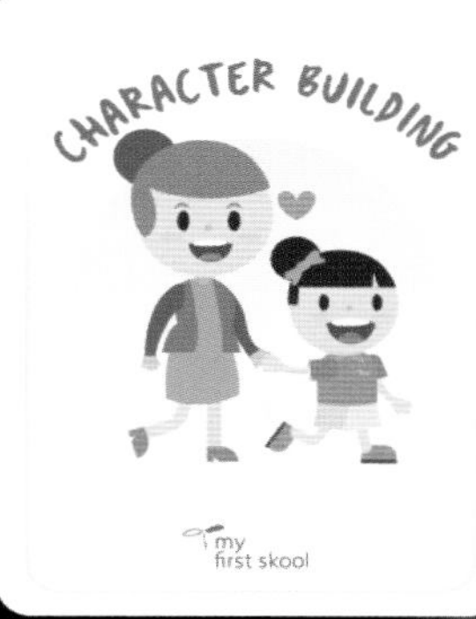

CHARACTER BUILDING
my first skool

LANGUAGE AND LITERACY
my first skool

LEARNING ZONES
MAMA SHOP
my first skool

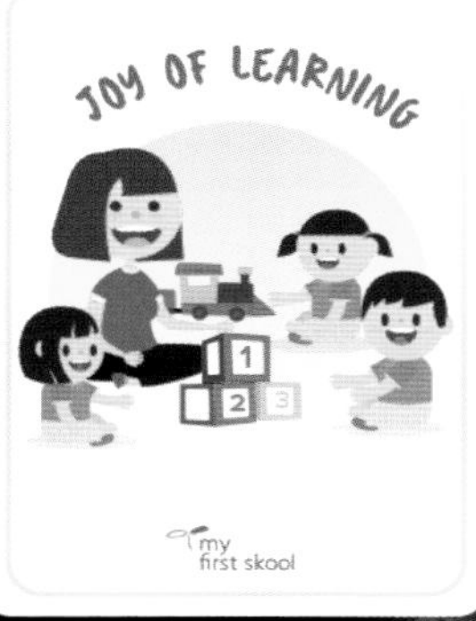

JOY OF LEARNING
my first skool

STEM-BASED LEARNING
my first skool

BILINGUALISM
SELAMAT PAGI
早安
GOOD MORNING
காலை வணக்கம்
my first skool

GROSS MOTOR SKILLS
my first skool

NATURE LEARNING
my first skool

NUMERACY
my first skool

De 36 frågorna

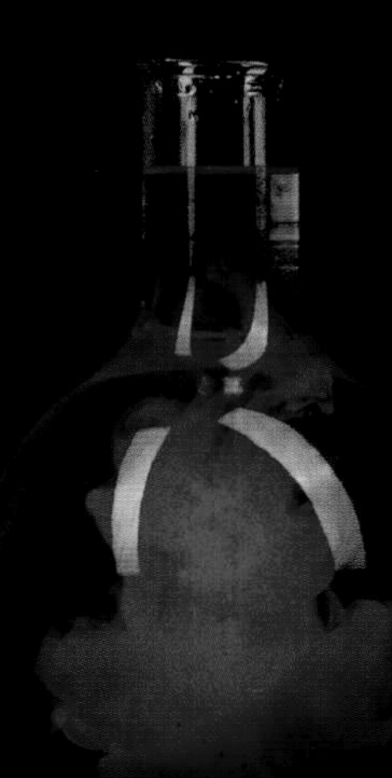

de 36 frågorna
Spelet som får dig att bli kär i den du spelar med!
250 ml APPROX.
200

de36 frågorna
Spelet som får dig att bli kär i den du spelar med!
250ml
200
150
100
50
100
150

du ska säga
? Varför?
de36
fråg

DE 36 FRÅGORNA
14
Finns det något
göra? Varför

14 RICK BANKS

里克 · 班克斯

《字体王牌》 *Type Trumps*

你知道 Helvetica 字体和 Arial 字体吗？如果你已将它们的区别烂熟于心，那么这款游戏非常适合你！《字体王牌》是一款适合所有艺术设计师、字体设计艺术家玩的卡牌类游戏。或许，聪明的你已经猜到了游戏的目标，对！就是抽取卡牌，对不同的字体进行对比。游戏包括对价格、年份、设计师等的对比。

设计师里克 · 班克斯痴迷于字体设计，立志收集全世界各种类型的字体。出于这种热情，他设计出了这款游戏。游戏的每张卡牌都由不同字体写成，也可以作为玩家再次设计的参考。《字体王牌》的规则根据游戏《顶级王牌》（Top Trumps）演化而来，感兴趣的玩家可以对比两者的不同。总之，对于那些对字体设计有兴趣的人来说，它一定是一个绝妙的礼物。通过游戏，也会让更多的人对排版产生兴趣。该游戏在全球范围内销售，并刊载于很多书籍和杂志。

On Pay Trains please
your destination to t
Guard and tender the
fare if possible. Check
your ticket shows the
correct date and fair paid,
retaining it for examination
or collection.
New Rail Alphabet
Price £1000.
Transport Bold
Legibility (10)
Year (1963)
Rank: 18 Weights: 4
Price: N/A Year: 2003
Legibility: 7 Cuts: 1
Special Power: Tiffany & Co.
Designer: Joshua Darden
Foundry: Hoefler & Frere-Jones
Typeface.
Sterling [Stur-
— adjective
(of precious m
especially silver
fixed standard of p
DESIGNER:
FUTURA STEN
LIGHT
PRICE £110.
YEAR 1996 CUTS
LEGIBILITY 05
TYPEFACE
OFFLINE
Tephra 0
Weights 6
Price £357
Legibility 06
Cuts 03
The Foundry
Power &
Designer
Wim
Crouwel
DATE 1973

Weights
06
Rank
06
Legibility
10
Foundry
Adobe
Special Power
Declaration of Independence
Typeface
Designer
Special Power
A.M. Cassandre
Year1999
Price£31
Weights06
Cuts01
Legibility01
FoundryP99
Rank93
CONTENTS
Year
Price
Cuts
Rank
Legibility
Weights
06
Legibility
05
Foundry
Adobe
Designer
J. Kaden & T. Star
Special Power
I ♥ NY
Typeface
ff
Weights
01
Legibility
02
Cuts
03
Price
£18
Rank
24
Year
1850
Foundry
Adobe
Typeface
Fraktur
Special Power
Regime
Bauer
Typeface: OCR-B Package
Arial
Designer R. Nicholas
Foundry Microsoft
Special Power None
Year 1990
Price £0
Weights 03
Legibility 07
Rank 29
Cuts 04
078
herbert bayer
price £18
bayer universal
legibility 03
power bauhaus
p22
arete
Rank 25
Cuts............... 01
Price.............. £10
Year............... 1999
Weights............ 01
Legibility......... 05
Power .... Vince Frost
Foundry............ T-26
TypeFace....... Arete Mono
Designer....... Jim Marcus
RANK
CUTS
Typeface
Akzidenz-Grotesk
Designer
Günter-Gerhard Lange
Special Power
THE
Designer of the Year
Stanley Morrison
Clarendon
Robert Besley
Robert Browns
Adobe
Power
Price £52
Year
Typeface
Garamond
Designer & Special Power
Claude Garamond
Year 1927—1930
Price £208
Legibility 09
Weights
Special Power:
Experimental J
Designer:
Max Mieding
Typeface:
Helvetica
Weight:
75 Bold
Foundry:
Adobe
Price:
£464
Year:
1957
Legibility:
08
Weights:
51
Cuts:
06
Rank:

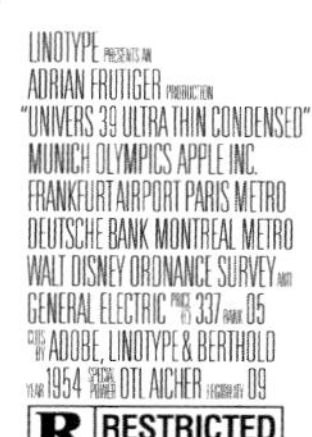

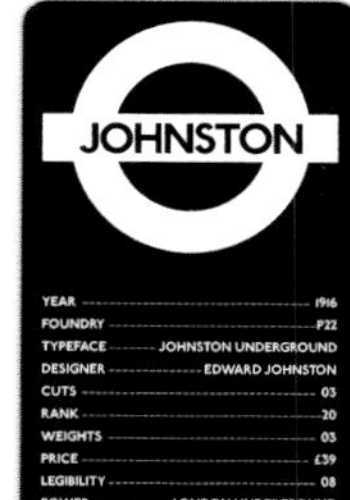

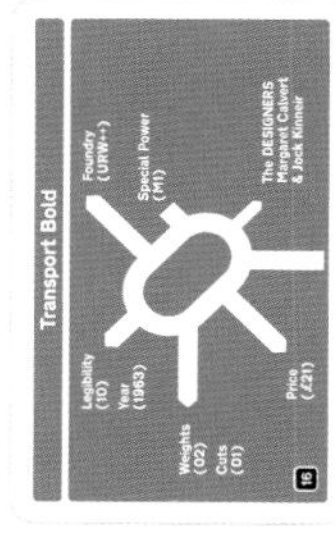

2010 年，继《字体王牌》在全球热销后，里克 · 班克斯再次推出了《字体王牌 2》。相较于《字体王牌》，《字体王牌 2》采用了最新的流行字体，包括新铁路字母表(New Rail Alphabet)。每张卡牌都有详细信息，如字体名称、设计者姓名、年份、价格和应用场合。从网页中的地图可以看出，相较于《字体王牌》，《字体王牌 2》的销路更广，销量也更高。

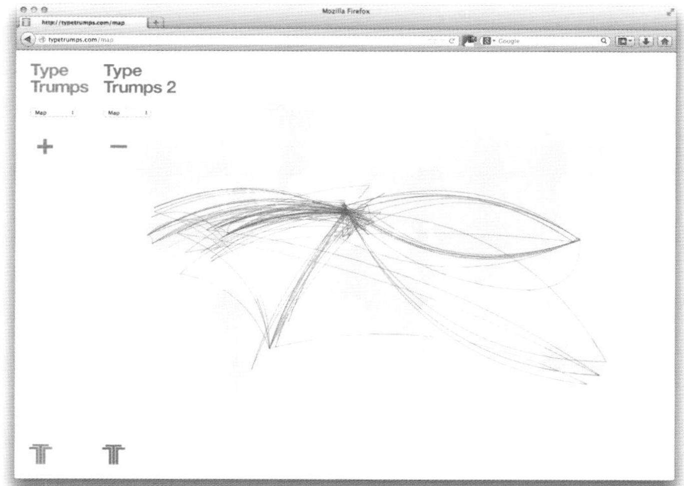

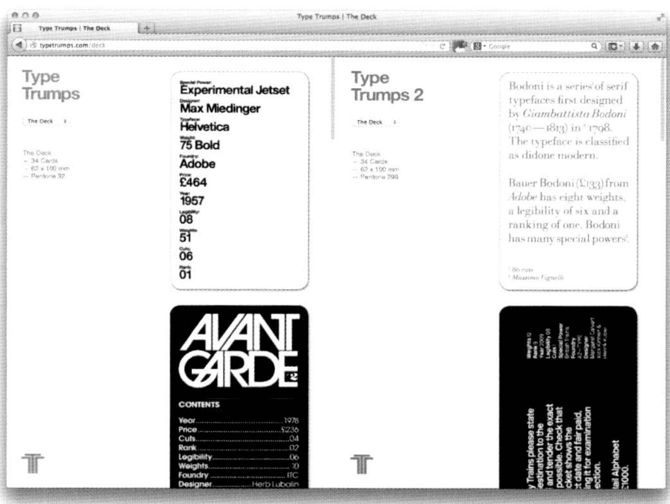

15 SASHA KIRILLOVA

萨莎·基里洛娃

《沙漠旅行》 *Terracotta Plants*

萨莎是一名来自俄罗斯的插画家，主要为儿童读物绘制插画。在她的画中世界里，每个人物都有各自的性格，她表示，“我喜欢看到孩子们从我的作品中获得快乐的模样。”一次，设计师萨莎·基里洛娃接到了一个客户的委托——《沙漠旅行》。该项目希望萨沙能够制作一个主题为绿色植物的儿童绘本，并会随书附赠一个绿植。在接受这个委托后，萨莎决定将该项目制作成一个桌游的形式。“我的客户是从事植物培育的公司，因此无论是绘本还是游戏，其内容一定会带有部分专业性。而桌游的优点就在于，它可以将一些枯燥的知识转化为有趣的机制，相对于书本来说，游戏更能提高孩子的兴趣，并让孩子在玩中学习。”

游戏的背景是一片巨大的沙漠，玩家要穿过沙漠，找到绿色植物获得胜利。玩家掷骰子，走步数，抽一张卡片回答问题。卡片共有 36 张，每张卡片上的问题都与沙漠动植物及其特性有关。例如，你知道骆驼生活在什么样的沙漠吗？这种茶是印度茶吗？为什么仙人掌有那么多刺？答对没有奖励，但如果问题回答错误，则后退一步。最先到达终点的人获得胜利。游戏不仅附赠了一盆多肉植物，还有一本种植和保养说明的小册子，帮助孩子将在游戏中学到的知识用于实践。

作为儿童游戏，除了适合的画风以及具有一定的教育价值外，游戏设计还要设置吸引孩子们的兴趣亮点，为此，萨莎特地制作了两张贴纸，这对于孩子们来说就像是玩具一样，即使还没学会游戏的规则，也能让孩子立即对产品产生兴趣。

16 NAOMI WILKINSON

娜奥米 · 威尔金森

《我的太空冒险》*My Space Adventure*

2–4 6+ ∞

《我的丛林冒险》*My Jungle Adventure*

2–4 6+ ∞

在大人眼中，孩子天真烂漫的想象力是最珍贵的，试想一下，当有 40 张不同卡通图案的卡片摆在孩子面前，是否会引起孩子的兴趣?《我的太空冒险》和《我的丛林冒险》就是两款这样的游戏，由唯创视讯（VICTIONVICTION）发行出版。唯创视讯是一家专注于儿童和青年时尚产品的出版公司，2017 年，为了开发孩子的想象力，唯创视讯设计出版了两款创新作品。“我们希望这两款游戏可以加入家庭的日常生活中，从而锻炼孩子们的思考能力。它们不仅可以给桌游世界带来清新感，而且还能让孩子们纵情发挥想象力，构建属于自己的世界。”

《我的太空冒险》和《我的丛林冒险》是两款以卡片内容为主题的叙事游戏，一个发生在太空，一个发生在丛林。两款游戏都包含 40 张双面卡片和一个骰子。游戏骰子可以确定故事类型，其中包括浪漫、神秘、幽默、幻想、恐怖和科幻小说几种。游戏的玩法很简单，无论玩家是小朋友还是成年人，要执行的步骤都是一样的：掷骰子，确定游戏类型，随机抽取几张卡片，并通过卡片来讲述一个完整的故事。游戏为 6 岁以上的小朋友们设计，不设定游戏时长。游戏鼓励孩子们组织想法、扩展词汇技能，并通过更好的肢体语言和意识建立自信心。所以，来讲故事吧，只要你有足够的想象力！

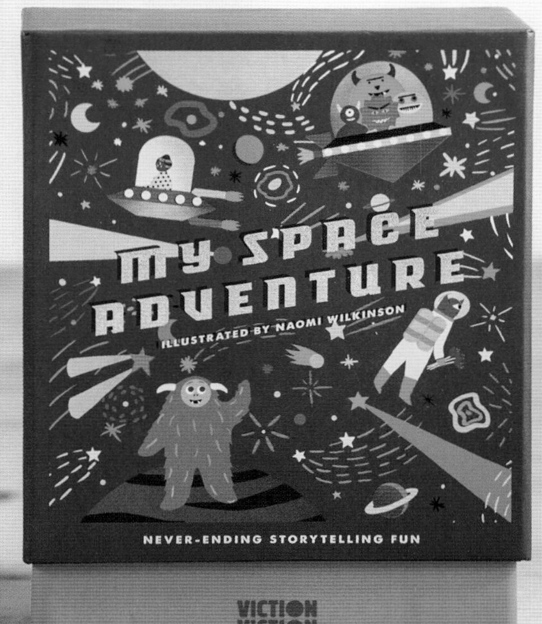
MY SPACE ADVENTURE
ILLUSTRATED BY NAOMI WILKINSON
NEVER-ENDING STORYTELLING FUN
VICTION VICTION

Aim
Create fun stories that inspire smiles and laughter
How to play
Gather friends (2-4 is the best). The first player takes at least five cards, and then builds a story based on what he or she has in hand. When complete, the cards are returned to the pile and shuffled. The next player starts a new game by drawing another stack of cards.
Up the challenge
Chain
Swap
Double Draw
Limit
As Is
Genre
MY SPACE ADVENTURE
NEVER-ENDING STORYTELLING FUN
MY SPACE ADVENTURE
ILLUSTRATED BY NAOMI WILKINSON
NEVER-ENDING STORYTELLING FUN

MY JUNGLE
ADVENTURE
ILLUSTRATED BY STUDIO-TAKEUMA
NEVER-ENDING STORYTELLING FUN

Aim
How to play
Up the challenge
MY JUNGLE ADVENTURE
NEVER-ENDING STORYTELLING FUN
MY JUNGLE ADVENTURE
NEVER-ENDING STORYTELLING FUN

18 ANA MUNIZ SALAS

安娜 · 穆尼兹 · 萨拉斯

《拉佩兹》 *Lápiz*

2–4 12+ 30

你知道吗？当我们用手去绘画或制作东西时，是在修复我们的大脑。通过手绘或制作一些模型，来使我们的记忆与过往的认知结合，以创造更好的事物。《拉佩兹》是一款合作类素描游戏。游戏中，起始玩家从牌库中选择一张牌作为游戏的核心元素，并传递给下一位玩家。第二位玩家先从牌库中抽取一张牌，再根据起始玩家选择的元素和所抽取的卡牌添加图案或想法，传递给下一位玩家，以此类推，直到玩家们画出最满意的作品为止。

设计师安娜 · 穆尼兹 · 萨拉斯谈到，“作为一名平面设计师，有时你不得不处理不同设计师的不同风格。后来我发现，很多设计师不会手绘，他们没有学过色彩理论。从前，在专业工作室里，杰出的作品来自大量的绘图员、数百幅草图和复印件。因为在那时电脑并不像现在这样普及，艺术学校的学生们需要学习如何画素描，但后来这个课程却消失了。今天由于市场和商业的快节奏，艺术设计的重要步骤变为查找网上资源，这可能真正会摧毁一个人和一个专业的独特风格。因此，我设计这款游戏的目的就是想让设计师们回归到纸张和画笔。”

在安娜看来，我们都是创造性的生物，每个人都可以创造最美好的事情。而她的目标是继续创造出美丽的事物，从而让人们的生活变得更好。

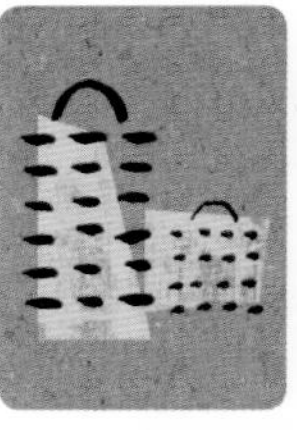
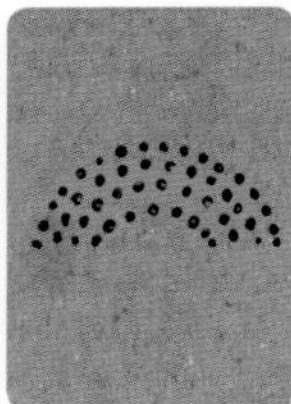
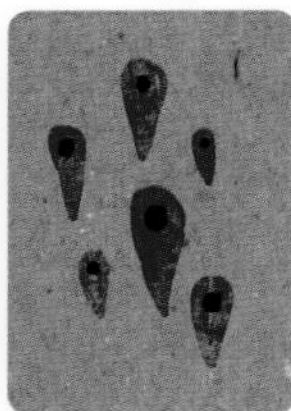

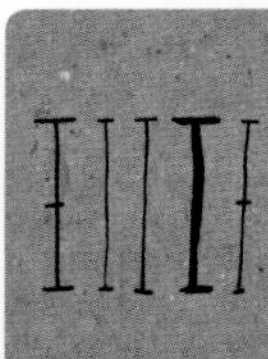
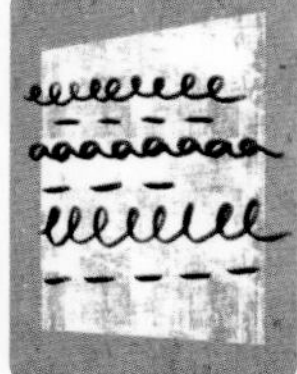

LÁPIZ
LÁPIZ

The USA
WRONG DIRECTION

LÁPIZ
LÁPIZ
Functionality, sobriety, convenience
values

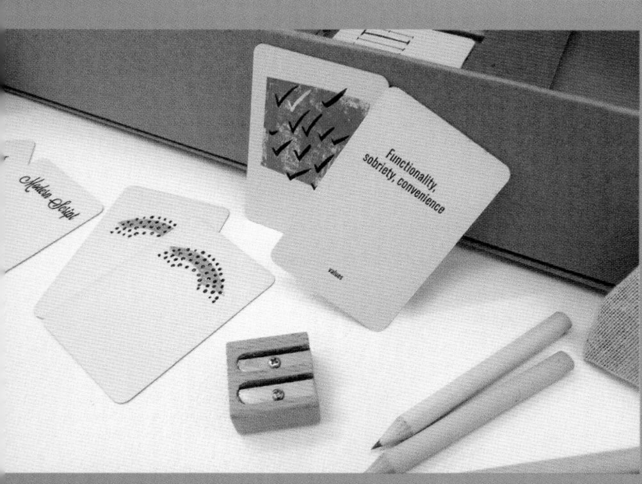
Modern Script
Functionality, sobriety, convenience
values

Modern Script
typography

express
MUAH!
SEX-SHOP
我爱你

LOL
LAPIZ
old man
VIVA
MEXICAN
KEY BOARD
JAPAN
SHUSHI
CLOUD
CLOUD
neo-veggie
mosk
DREAD LOCKS
LOLLI-POP
WHEELS
SCENE
COOL & CUTE

to:

Most likely to:
say "corruption
is our right."

CHAPTER 3
第三章

打开盒子，听到声音

就像是一本书、一首歌或者一部电影，桌面游戏也可以成为人们为了展现自己态度所选择的表达方式。一些你尚未意识到的问题，一些你没有体验的经历，设计师都可以通过游戏机制引发你的共情。2018 年，我们曾经请纳什拉·巴拉贾瓦拉（Nashra Balagamwala）来到北京的 DICE CON，向中国玩家介绍她如何用桌游揭露巴基斯坦包办婚姻的荒唐，进而掀起媒体热议——你看，也许一盒小小的游戏比你想象中能做到的事情多得多。

纳什拉·巴拉贾瓦拉 /《包办婚姻》
亚采克·安布罗斯 网络儿童乐园团队 /《城市规划战》
宋智英 吴秀敏 宋赛拉 宋慧琳 裴家媛 金惠音 /《拯救橡子！》
赫尔曼·贝尔特伦 /《分水岭》
INACOMS/《拯救北极熊》
明娜·米娜 /《那种女人》
烈女如歌设计团队 /《烈女如歌》

CHAPTER 3
第三章

打开盒子，听到声音

就像是一本书、一首歌或者一部电影，桌面游戏也可以成为人们为了展现自己态度所选择的表达方式。一些你尚未意识到的问题，一些你没有体验的经历，设计师都可以通过游戏机制引发你的共情。2018 年，我们曾经请纳什拉・巴拉贾瓦拉（Nashra Balagamwala）来到北京的 DICE CON，向中国玩家介绍她如何用桌游揭露巴基斯坦包办婚姻的荒唐，进而掀起媒体热议——你看，也许一盒小小的游戏比你想象中能做到的事情多得多。

纳什拉・巴拉贾瓦拉 /《包办婚姻》
亚采克・安布罗斯 网络儿童乐园团队 /《城市规划战》
宋智英 吴秀敏 宋秀拉 宋慧琳 张家媛 金惠音 /《拯救橡子！》
赫尔曼・贝尔特伦 /《分水岭》
INACOMS /《拯救北极熊》
明娜・米娜 /《那种文人》
烈文如歌设计团队 /《烈文如歌》

PALTER
POLITI

3+ players
Ages 14 and

Role play a
paltering p
several mor
the way. Ar
the typical
of the many
in Pakistan
to defend y
hero that t

CONTENTS:

LIE DETECTOR TRACKER

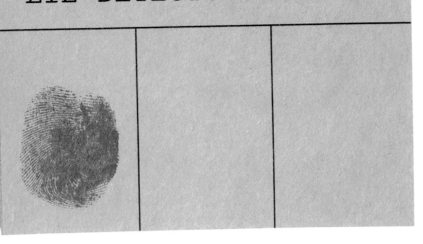

19 NASHRA BALAGAMWALA
纳什拉·巴拉贾瓦拉

反对包办婚姻
——对话巴基斯坦设计师纳什拉·巴拉贾瓦拉

纳什拉·巴拉贾瓦拉是一个巴基斯坦女孩，成长于卡拉奇这个巴基斯坦第一大城市。她从小最喜欢的事就是玩桌游，经常和堂姐妹们去镇上的便利店买一些当地人都没听过的桌面游戏。回家后，对于不喜欢的游戏规则，纳什拉会根据游戏的有趣程度进行改编，让游戏更加激烈而有对抗性。天赋仿佛就此涌现，在随后的日子里，纳什拉也不自觉地向这个方向靠拢。她进入艺术高中学习，并随着岁月的累积逐渐掌握了属于自己的艺术风格：色彩艳丽，主题鲜明。19 岁时，她已经长成了一名亭亭玉立的少女。按照传统观念，她该嫁人了。父母也开始给她安排结婚对象，这时纳什拉才明白，原来自己的婚姻和人生并不是自由的。

但她不希望自己的命运被包办婚姻束缚，更何况她还没有完成自己的艺术梦想。这个 19 岁的女孩面临着人生中的第一个关卡：抗争包办婚姻还是逆来顺受？要知道，在巴基斯坦，包办婚姻的习俗可谓是深入人心，不愿意的人就会被大家视为异类。她看到自己的朋友嫁给陌生人，“她们困在没有爱的婚姻里，忍受着糟糕的亲戚、丈夫，自己却又无能为力。”但是抗争又要怎么做呢？她思前想后，还是做出了一些大胆的决定，做一些看上去不像正常女孩做的事。她开始饮酒，网恋，试图营造一个叛逆的形象。然而，父母却认为这只是在结婚之前的小性子和顽皮罢了，并没有在意。计划以失败而告终。纳什拉没有认输，她决定用另一种方式来抗争到底——逃离巴基斯坦。她说服了父母同意她去美国进修学习，但期限只有一年。“但我想要改变自己的命运，所以我这样做了。”纳什拉后来说道。在罗德岛设计学院的日子快乐而又充实，开放式的学习经历让她受益匪浅，“我的教授经常跟我说的一句话是，永远不要把你未来不想做的东西放进你的作品集里，把自己的精力放在真正想做的事上。”在学校的 5 年学习让纳什拉发现了自己真正想做的东西，她的设计融合了巴基斯坦的文化，走出了自己的设计风格。凭借着出色的天赋和才华，纳什拉先后在国家地理和孩之宝等知名公司实习，积攒了丰富的经验。“设计是我的生命，我会用我的作品去表达我的想法。”

2017 年 8 月，一款名为《包办婚姻》的桌游在知名众筹网站“即刻开始”上进行众筹。这款游戏的设计师正是纳什拉·巴拉贾瓦拉。原来，在经过一番思想斗争后，纳什拉决定再次挑战命运。《包办婚姻》是她

之前就在筹备的一款游戏，纳什拉认为可以联系这个话题制作一款桌游，反映这种恶俗的社会现象。如果幸运的话，她甚至可以拿到 O-1 签证（美国为杰出人才准备的一种工作签证）。事实证明，她的猜想应验了。游戏上架后，舆论爆炸了。英国广播公司（BBC）、《财富》杂志、美国国家公共电台（NPR）争相对她进行报道，也使得纳什拉声名鹊起。

这款游戏无论在机制、规则还是游戏目标上，都被纳什拉设计得非常有趣。游戏共有 3-4 位玩家。在游戏中，一位玩家扮演媒人，其他玩家扮演少女。媒人的游戏目标是争取让少女结婚。少女的目标是逃避媒人的说婚。纳什拉说，“我制作媒人这个角色是有自己的目的的。在巴基斯坦，有很多婚姻的促成都是因为有媒人这个角色的存在。我不明白，她们本身就是女性，为什么还要逼迫别人结婚？”游戏分为两个阶段，第一个阶段，玩家想尽各种办法逃避结婚，而逃避结婚的方法有以下几种：在公共场合穿无袖衬衫，你将远离媒人 5 个位置；看手机时微笑（这是南亚文化中有男朋友的标志），还将远离媒人 4 个位置；通过谈论自己的职业、增肥、或和男性朋友一起在商场里被别人看到等方法远离媒人。“我想让人们注意到，这些被其他社会视为正常的事在南亚社会看来却是可耻的。”有趣的是，在游戏中，玩家还可能会发现媒人的一个秘密——她有一个 23 岁的未婚女儿，她们可以以此来勒索她远离她们。“在巴基斯坦，女孩们很早就结婚了，23 岁已经是大龄了。”

到了游戏的第二个阶段，女孩们会遇到一个有着绿眼睛拿着外国护照的 CEO“高富帅”。到这里，游戏发生了转变，女孩们要通过激烈的竞争来嫁给他，例如每天祈祷 5 次、减肥塑形、烹饪美味佳肴等。在游戏结束时，只有一名女性嫁给“高富帅”。讽刺的是，在纳什拉设计的游戏中，所有人都逃不过结婚的命运。“除非所有人都结婚了，不然游戏无法结束。”

游戏却改变了纳什拉的命运。很多人都表达了对这款游戏的喜爱，还有一位印度女孩专门给纳什拉写了信，借用这款游戏向父母表达了对包办婚姻的抗拒。纳什拉也重回纽约做设计，成立了独立的设计室，做着自己真正想做的事。

You see a girl with child bearing hips.

Stop chasing the girl you were closest to and start chasing that other girl.

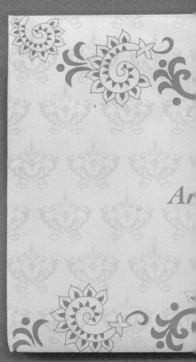

You see a girl that uses fair and lovely.

Move 4 Spaces.

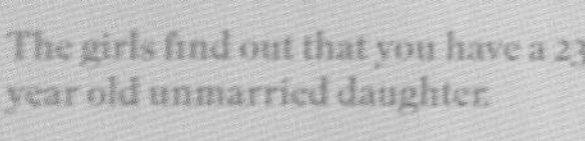

The girls find out that you have a 23 year old unmarried daughter.

Move 5 steps away from the girl you're closest to.

Golden Boy

You were seen in the mall with boys
The aunty moves 5 spaces away from you

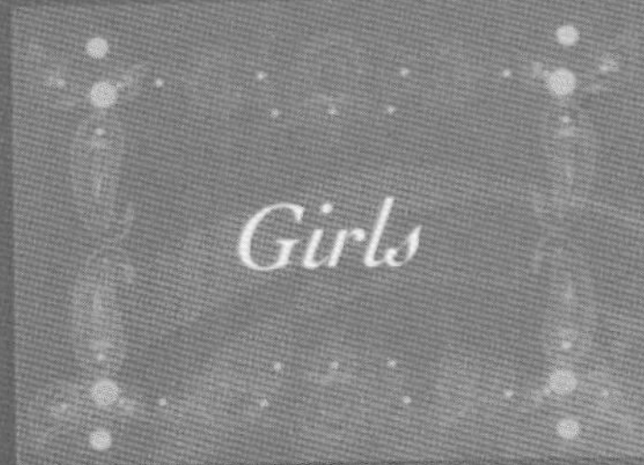

nged!

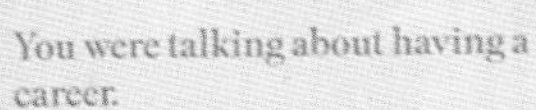

You gained weight.
Move 2 Spaces

You were talking about having a career.

The aunty moves 5 spaces away from you.

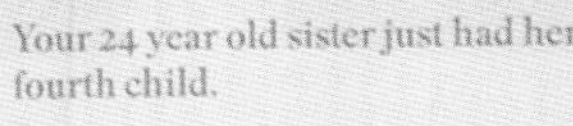

Golden Boy

Your 24 year old sister just had her fourth child.

The aunty moves 5 spaces closer to you.

《包办婚姻》Arranged

 2–4
 8+
 45

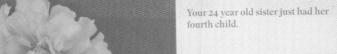

20 JACEK AMBROZEWSKI

亚采克 · 安布罗斯

CYBER KIDS ON REAL

网络儿童乐园团队

《城市规划战》 *Partycypolis*

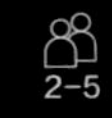

在波兰，社区一直都是城市组成部分中必不可少的一环。而最近，有一款专门面向波兰中小学生和青少年的桌游，希望这些年轻人可以提高对社区生活的认识，并为社区发展出谋划策。《城市规划战》的玩法如下：在桌面上放置 36 张牌，每一张牌的牌面上都有一个可以改善当地社区生活的项目。玩家掷骰子，尝试满足项目的要求并获得积分。最终，分数最多的人获得胜利。值得注意的是，竞争并不是《城市规划战》的最佳策略，合作才是游戏制胜的法宝。在游戏中，通过合作，玩家可以获得额外掷骰子的机会，而这也增加了成功的概率。

在采访中，设计师亚采克向我们讲述了一件有趣的事。在游戏设计的初期，制作团队专注于游戏的玩法和机制而没有去画插图，因此一直使用一些纸片来模拟游戏。这导致团队在最开始都觉得游戏玩法不那么令人满意。但当他们第一次使用带插图的卡片来玩游戏时，一切都变得不一样了——游戏立刻变得精彩起来。“我觉得人对视觉语言真的非常敏感，这直接决定了一款游戏的成败。”亚采克说。而他们的团队——网络儿童乐园由 7 名个性鲜明的波兰人组成，致力于提升儿童网络学习。

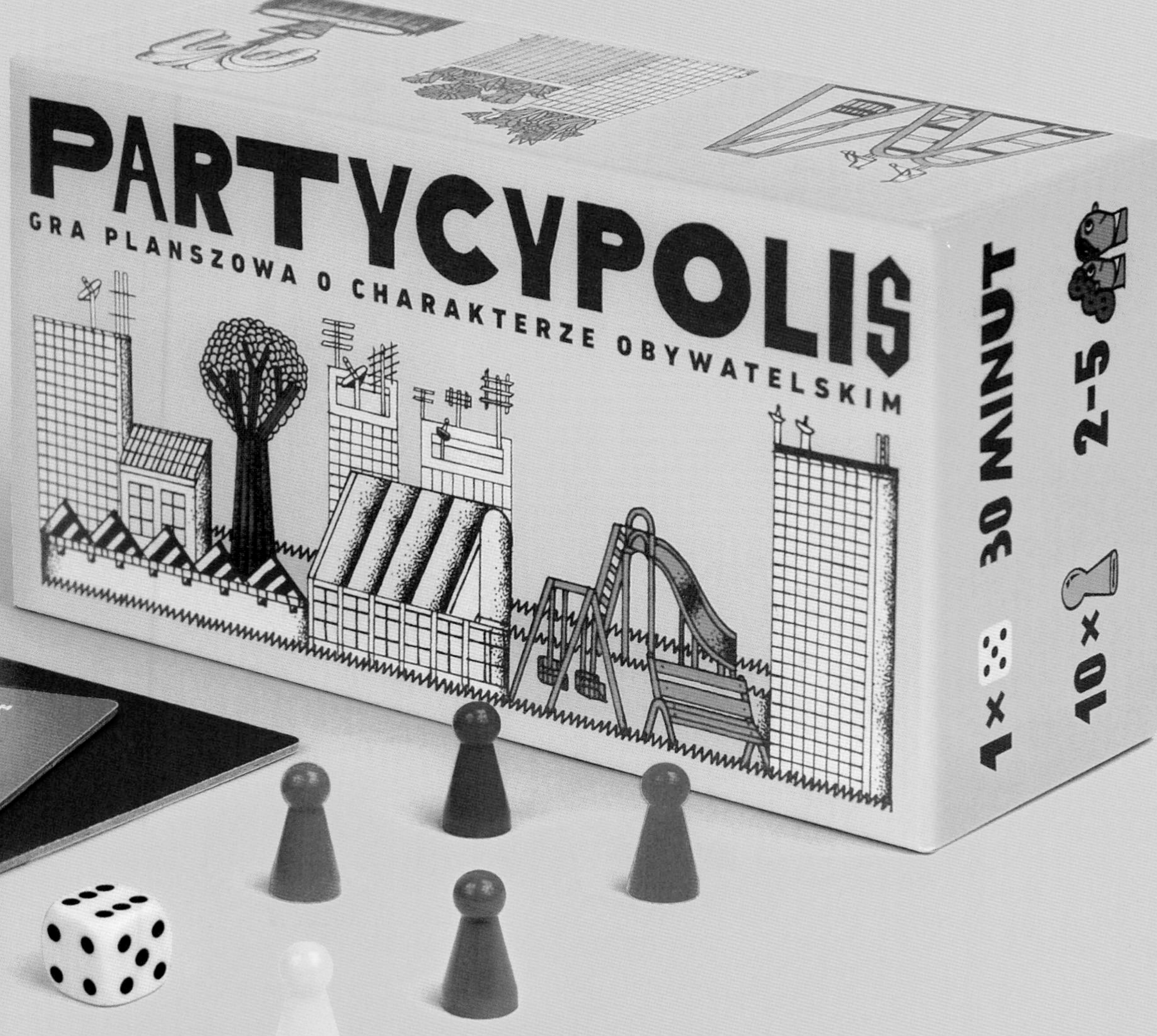
PARTYCYPOLIS
GRA PLANSZOWA O CHARAKTERZE OBYWATELSKIM
1 ×
30 MINUT
10 ×
2–5

游戏中，玩家扮演着社会活动家的角色，除了参与预算、提交项目外，还可以为选定项目争取资金。

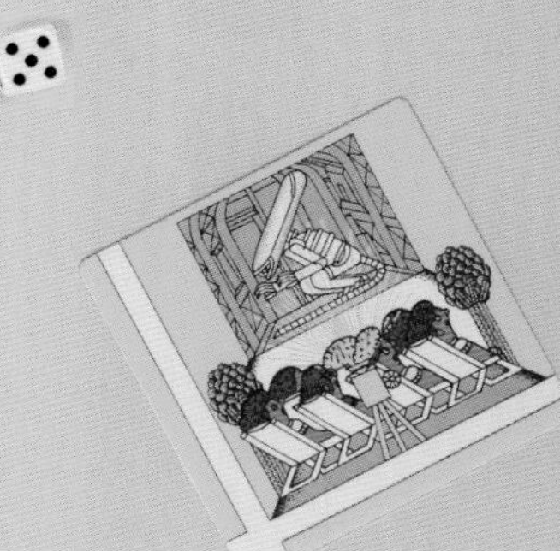

ZBUDUJCIE SKATEPARK, NA KTÓRYM DOŚWIADCZENI SKEJTERZY BĘDĄ PROWADZIĆ ZAJĘCIA DLA POCZĄTKUJĄCYCH
W TŁUSTY CZWARTEK ZORGANIZUJ ZAWODY W JEDZENIU PĄCZKÓW, ZWYCIĘZCOM LEKARZE OZNACZĄ POZIOM CHOLESTEROLU I CUKRU WE KRWI, A DIETETYK ROZPISZE DIETĘ
ZRÓB OSIEDLOWĄ PLAŻĘ — WYSYPUJECIE PIASEK, USTAWIACIE LEŻAKI, ZAKŁADACIE KOSTIUMY KĄPIELOWE I SIĘ OPALACIE
ZORGANIZUJ CZYSZCZENIE MURÓW Z GRAFFITI I POKRYWANIE OCZYSZCZONYCH MIEJSC FARBĄ, DO KTÓREJ GRAFFITI NIE PRZYWIERA
PARTYCYPOLIS

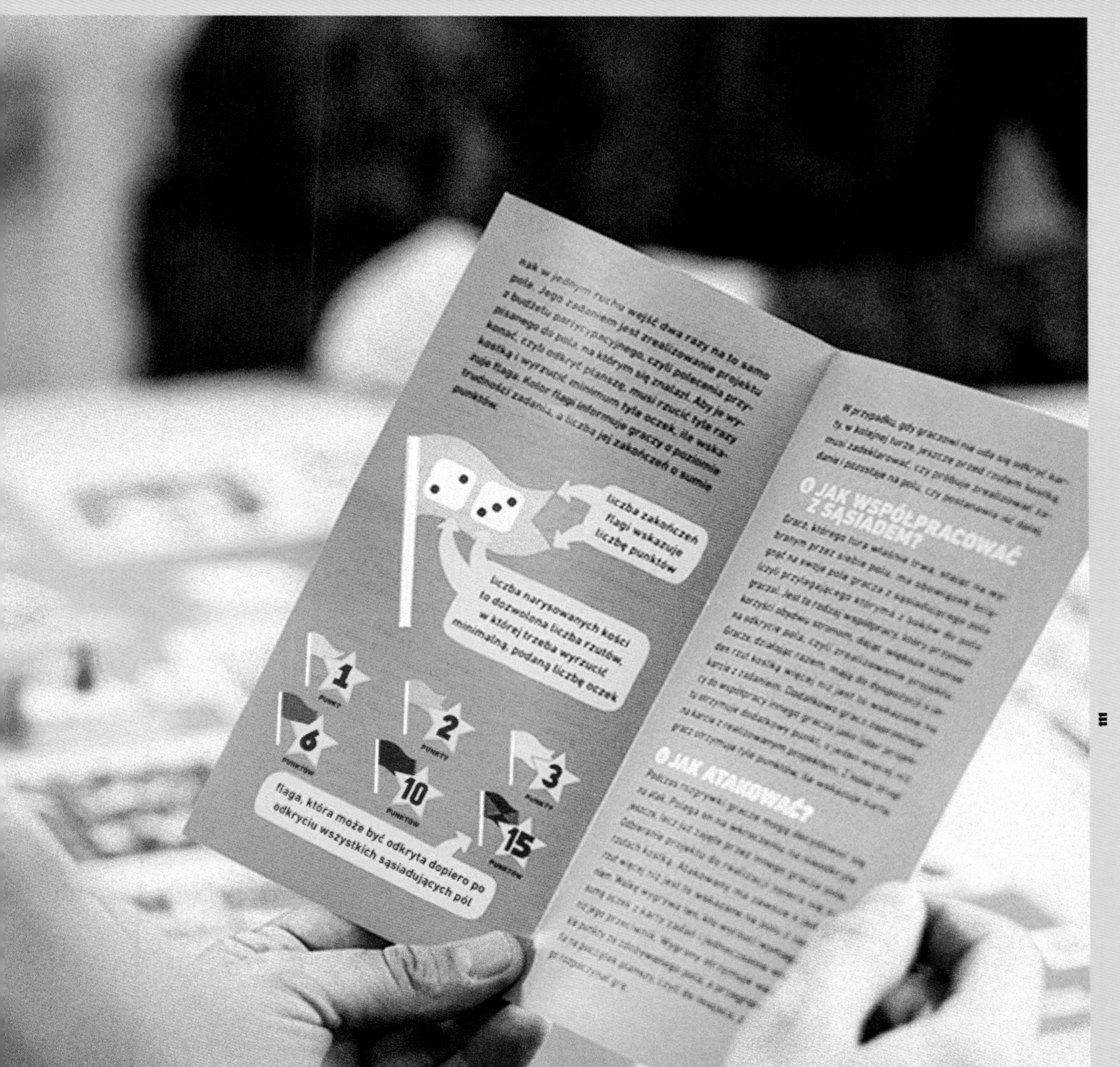

liczba zakończeń flagi wskazuje liczbę punktów
liczba narysowanych kości to dozwolona liczba rzutów, w której trzeba wyrzucić minimalną, podaną liczbę oczek
1
2
3
6
10
15
flaga, która może być odkryta dopiero po odkryciu wszystkich sąsiadujących pól
O JAK WSPÓŁPRACOWAĆ Z SĄSIADEM?
O JAK ATAKOWAĆ?

21 JIYOUNG JEONG / HYEMIN LEE / SERA JEONG / HYELIM JEONG / GAWON BAE / HYEYEON KIM

宋智英 吴秀敏 宋赛拉 宋慧琳 裴家媛 金惠音

《拯救橡子！》*Save the arcorn!*

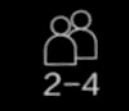

2–4 4+ 10–15

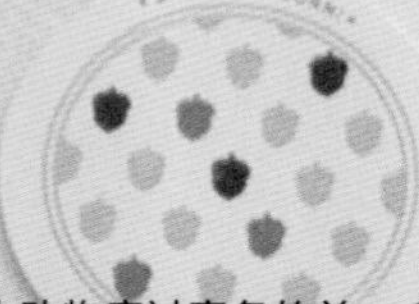

你知道吗？橡子是野生动物度过寒冬的关键。松鼠、欧亚红松鼠、野猪、亚洲黑熊和野鸡都是靠橡子过冬的动物。而如今，越来越多的人类收集橡子作为食物，使得野生动物的数量越来越少。随着吃橡子的小动物数量减少，吃这些小动物的上层食肉动物也受到威胁，在橡子上产卵的昆虫也失去了产卵的安全场所。当野生动物的数量低于一定水平时，该物种将面临灭绝的风险。《拯救橡子！》是基于保护橡子和野生动物安全的一款桌游，玩家在游戏中扮演寻找橡子的小松鼠。玩家通过掷骰子来获得筹码（三角形小卡片），筹码可以镶嵌在游戏背板的不同区域，当区域中的小卡片达到 6 个后，筹码较多的玩家可以将旗固定在该区域上，旗子最多的玩家获得胜利。这个游戏规则是根据松鼠的行为习惯设计的。游戏中的筹码代表橡子，松鼠将橡子藏起来，随着时间的推移，隐藏的橡子发芽，形成了一片茂密的森林，而拥有最多橡子林的松鼠获得胜利。

《拯救橡子！》的设计师们非常关心环境破坏的问题。“环境污染日益严重，如何保护环境，还给动物正常的成长空间，一直是一个世界性问题。人类欠大自然很多，我们需要对此负责。于是我们这些人聚集在一起制作了这款游戏。我希望我们能改变人们对自然的看法，这是我们设计的动力。在我们看来，每一个玩这个游戏的人都是一名环保行动者。”

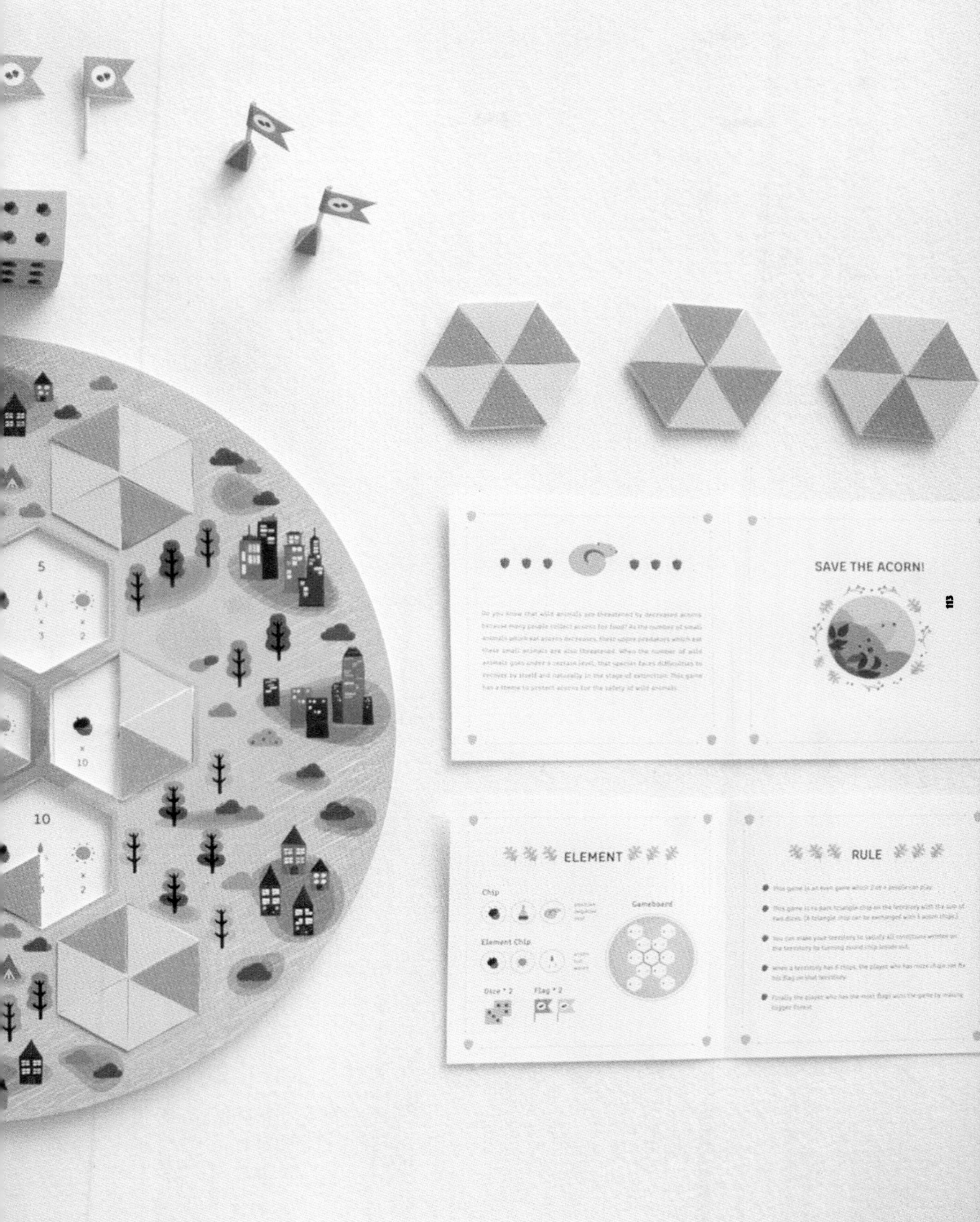
5
10
SAVE THE ACORN!
ELEMENT
Chip
Element Chip
Gameboard
RULE

为了使游戏更具趣味性，设计师们设置了一些正极卡和负极卡来平衡游戏。图中的圆形卡片分为正极卡和负极卡，分别会增加和扣除相应的橡子。正极卡：找到其他松鼠隐藏的橡子、找到金色橡子（相当于5个普通橡子）；负极卡：有虫子洞的橡子、收集人类的橡子、对森林有破坏行为。随机分布的卡片让玩家在玩游戏的时候把控自己的行动，尽量不落入陷阱中。

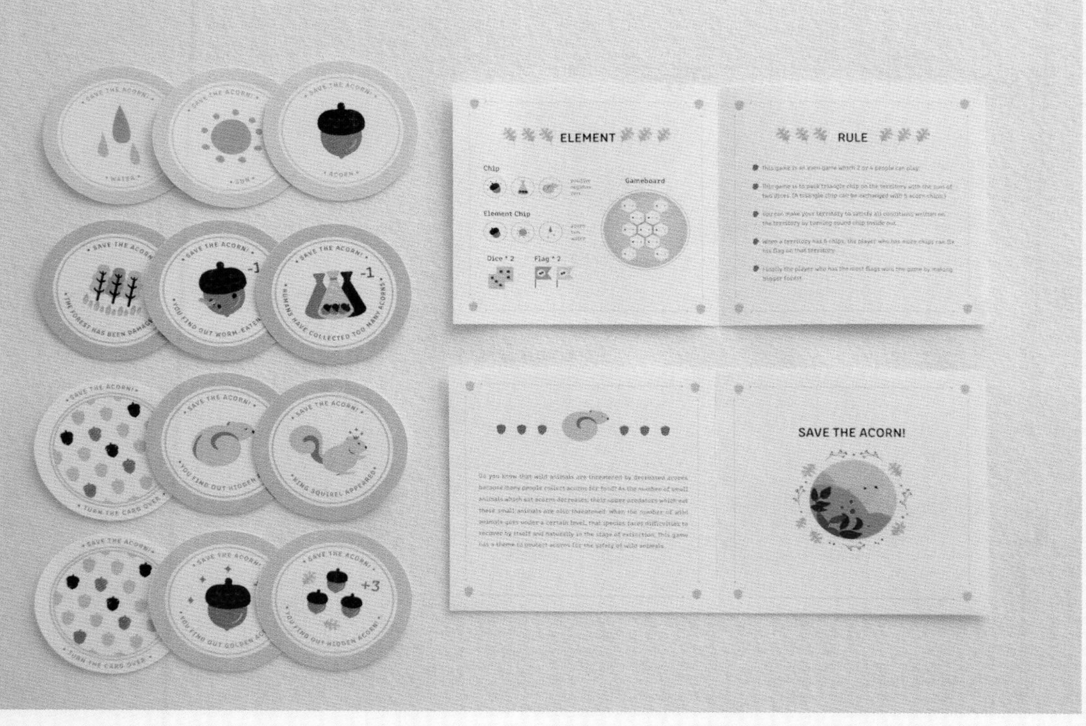
SAVE THE ACORN!
WATER
SUN
ACORN
-1
-1
+3
TURN THE CARD OVER

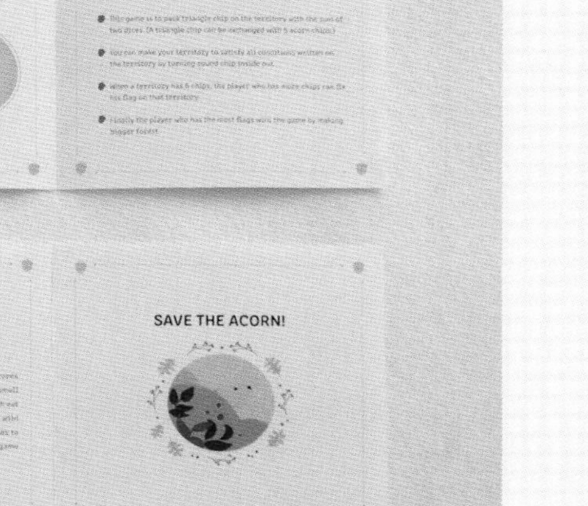
ELEMENT
Chip
Gameboard
Element Chip
RULE
SAVE THE ACORN!

SAVE THE ACORN!

SAVE THE ACORN!
+5
YOU FIND OUT GOLDEN ACORN!
FOREST HAS BEEN DAMAGED!
KING SQUIREL
-1
ACORN
SUN

QUIREL APPEARED
TURN THE CARD
SAVE THE ACORN!
+3
YOU FIND OUT HIDDEN ACORN!
WATER
SAVE THE ACORN!
MANY ACORNS
ACORNS
-5
-3
ACORN
SAVE THE ACORN!
SAVE THE
TURN THE

22 HELMAN BELTRAN

赫尔曼 · 贝尔特伦

《分水岭》 *La Cuenca*

8-20 25-60 6h-1d

水是生命之源。这句话，无论对动物、植物还是全人类都是一个既定事实。没有水，我们将无法生存下去。在哥伦比亚的奥里诺科大区和阿劳卡河流域，人们的生活习惯存在很多差异，人们获取水资源的方式不同，使用方式也不同，因此就两个区域的分水岭产生了一些争议。设计师赫尔曼 · 贝尔特伦受哥伦比亚世界自然基金会委托，制作了一款关于用水问题的桌游——《分水岭》。

设计这个游戏的主要目的是创建一个对话空间，方便因水灾而受牵连的不同群体之间进行对话。游戏中，每个玩家有 5 张卡片，上面的号码从 1-20，分别表示不同的领地。在游戏过程中，玩家需要决定自己领地的水用在何处（并用游戏里的金钱支付）：从养牛、耕种到环境保护和社区的通行。这个游戏的巧妙之处在于，游戏结束时要么所有人都赢了，要么就是所有人都输了（就像现实生活中的水一样），但这点只有游戏结束时才会显现出来。赫尔曼在 Pinterest 和 Behance 网站上汲取了大量灵感 。他说，“我必须在绝大多数游戏的趣味性与这款游戏所涉及的主题间找到平衡。因此，我选择了一条非常简单的路径，游戏版图包含简单明了的元素，大胆的颜色和一些特定的纹理帮助游戏反映和代表哥伦比亚地区。”

游戏改变了人们的交流方式。哥伦比亚世界自然基金会将两个地区的代表们召集到一起，共同玩了这个游戏。赫尔曼说，“据负责人表示，游戏使两个地区的人们开启了和平对话，他们也能够换位思考了。一般来说，人们刚开始玩时会只考虑自己的利益，而不关心他人，在游戏结束时，他们会意识到不能这样，关怀和使用分水岭的建设取决于每个人，前进的唯一途径是正视现实，并采取措施改善生活。”

ENFERMEDAD GANADERÍA
CARTA DE COSECHA
LLUVIAS FUERTES
CARTA DE ACCIÓN
IRRIGACIÓN
PRECIO: $1000 por parcela.
CARTA DE DESARROLLO
LA CUENCA
5
10
20
50
¡FELICITACIONES!
USTED ES PROPIETARIO DE UNA PARCELA DE
TEMPORADA SECA
Recolección Agua
Su plantación tiene
PREPARACIÓN
PRODUCCIÓN (CARNE)
RECUERDA PAGAR TUS
TEMPORADA DE LLUVIA

LISTA DE FICHAS
Productores / Títulos de tierra
Ficha de preparación
Ficha de producción ganadería
Ficha de producción palma de aceite y arroz
Ficha de agua
Dinero
Palma de aceite
Bosque
¡FELICITACIONES!
USTED ES PROPIETARIO DE UNA PLANTACIÓN DE
TEMPORADA SECA
TEMPORADA DE LLUVIA
TEMPORADA SECA
CUENCA
4
5
6
7
8
9

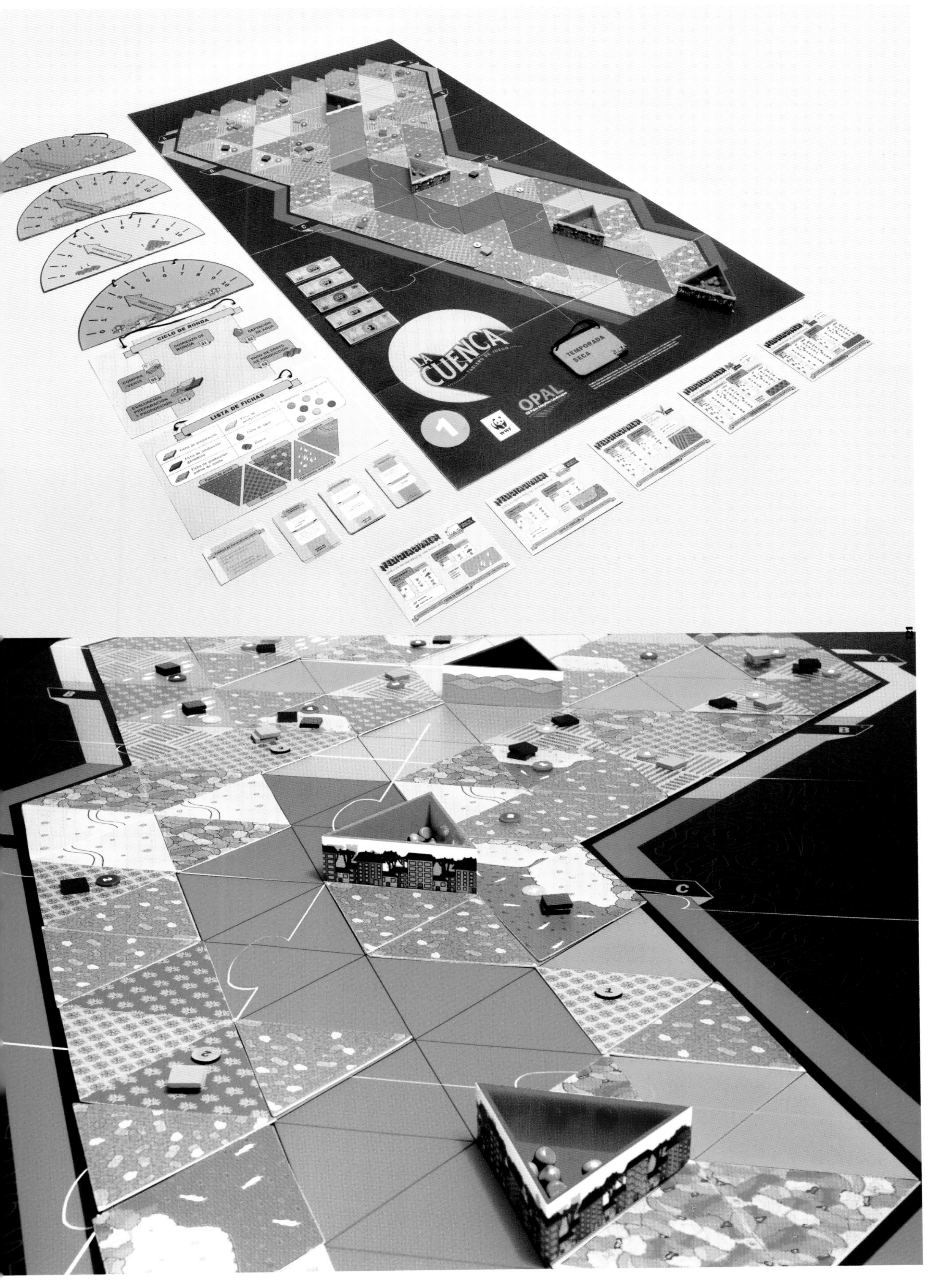

CICLO DE RONDA
COMIENZO DE RONDA
CAPTACIÓN DE AGUA
PAGO DE COSTO DE PRODUCCIÓN
COMPRA VENTA
EVALUACIÓN PREPARACIÓN Y PRODUCCIÓN
LISTA DE FICHAS
LA CUENCA
TABLERO DE JUEGO
TEMPORADA SECA
OPAL
WWF
1
A
B
C

23 INACOMS
INACOMS

《拯救北极熊》 *The Polar Bear & Grizzly*

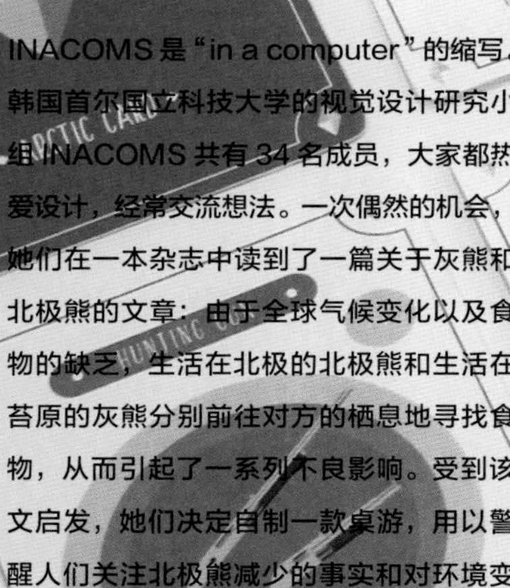

INACOMS是"in a computer"的缩写。韩国首尔国立科技大学的视觉设计研究小组INACOMS共有34名成员，大家都热爱设计，经常交流想法。一次偶然的机会，她们在一本杂志中读到了一篇关于灰熊和北极熊的文章：由于全球气候变化以及食物的缺乏，生活在北极的北极熊和生活在苔原的灰熊分别前往对方的栖息地寻找食物，从而引起了一系列不良影响。受到该文启发，她们决定自制一款桌游，用以警醒人们关注北极熊减少的事实和对环境变化的重视。

故事发生在全球变暖非常严重的时期，由于气候变化和食物的缺乏，生活在北极的北极熊和生活在苔原的灰熊分别前往对方的栖息地。当这两个物种相遇时，它们会繁衍出新的物种"北极灰熊"（Pizzly）。当北极灰熊变得越来越多时，北极熊就会变少甚至灭绝。游戏版图是一半冰川和一半苔原，玩家抽取卡片进行移动。当北极熊卡片相遇时，翻出新的北极熊卡片；当灰熊卡片相遇时，翻出新的灰熊卡片；但是当北极熊卡片和灰熊卡片相遇时，就要翻开"北极灰熊"卡片，玩家也需要回到起点。最先到达终点的玩家获得胜利。

INACOMS成员胜智说："希望通过这款游戏，玩家朋友们可以了解不同动物的习性，我们也希望可以引起人们对于气候变化导致的生物减少的重视。我们希望世界能变得更好，但是没有大自然，我们怎么能够变得更好？"

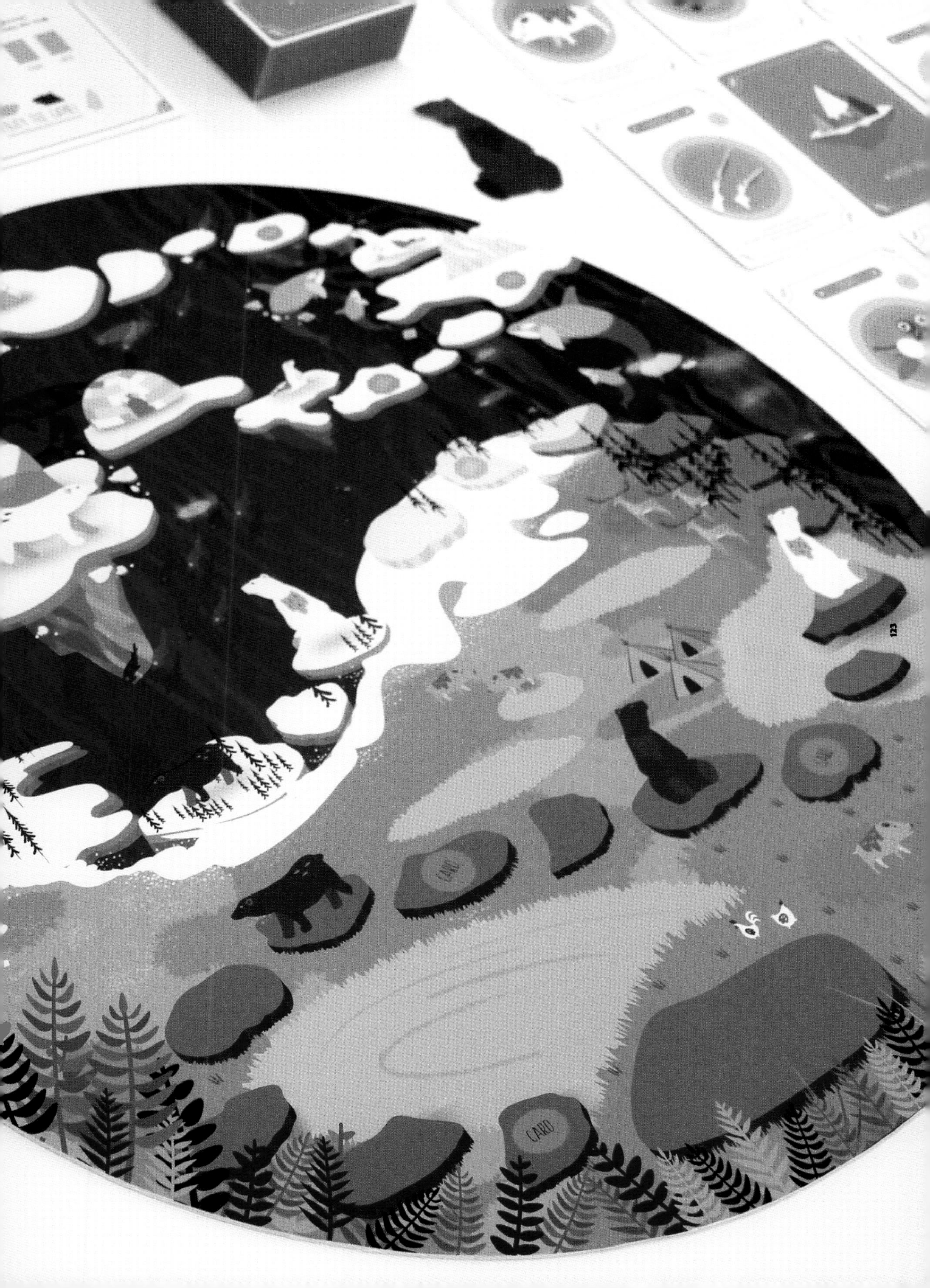
CARD
CARD

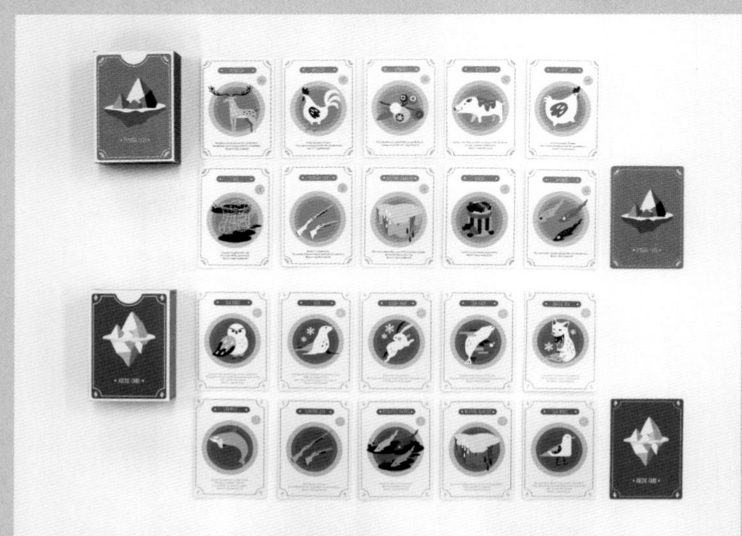

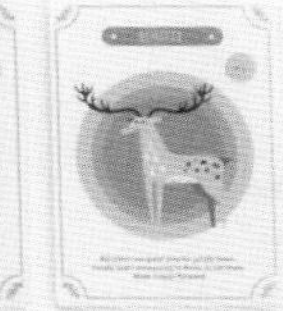

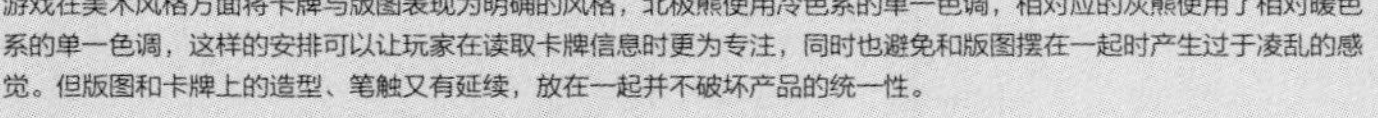

游戏在美术风格方面将卡牌与版图表现为明确的风格，北极熊使用冷色系的单一色调，相对应的灰熊使用了相对暖色系的单一色调，这样的安排可以让玩家在读取卡牌信息时更为专注，同时也避免和版图摆在一起时产生过于凌乱的感觉。但版图和卡牌上的造型、笔触又有延续，放在一起并不破坏产品的统一性。

REINDEER
Reindeers are great prey for grizzly bears.
Grizzly bears are moving to Arctic to eat them.
Move 3 steps forward!
ARCTIC CARD
POLAR HARE
POLLUTED FISHES
Oops! This fish is contaminated.
Be more careful next time.
Move 1 step backwards!
TUNDRA CARD
Where should we step on?
Move 2 steps backward.

TUSKER
+1
Tuskers love their home to be deep inside the forest.
You are so lucky to find them!
Move 3 steps forward!
GRACIER
-7
TUNDRA CARD
SALMON
+7
SEA LI
Sea lions are predators of the sea.
However, they seem too weak against the polar bears.
Move 3 steps forward!
ARCTIC FOX
Arctic foxes have beautiful white fur.
But do the polar bears care about it?
No! Move 2 steps forward!
POLLUTED
Oops! This fish is contaminated.

24 MINNA MINÁ
明娜 · 米娜

《那种女人》 *That type of woman*

从古至今，尽管女性的地位已经发生了翻天覆地的变化，但从生活中的种种细节中还是不难发现，这个改变对于人类权利的历史进程不过是沧海一粟。如果止步于眼前阶段性的成功而停止努力，那么这将成为一个温水煮青蛙的故事。就像诺贝尔和平奖获得者马拉拉·优素福·扎伊（Malala Yousafzai）说过的："当整个世界都保持沉默时，那唯一的声音就会变得强有力。"于是，明娜·米娜决定迈出她的那一步——制作一款关于女性视觉传达设计师的桌游《那种女人》。这款游戏虽然规则简单，玩法却不单一。游戏共有 26 名的杰出设计师卡牌，每张不同卡牌的数量为 2。所以最常规的玩法就是在牌堆中找出两张相同的卡片，收集最多卡牌的人获胜。明娜将所有卡片以不同的视觉传达设计领域分成 5 大类，即版式设计、设计教育、文字设计、印刷设计与字体设计，并辅以不同底色区分。为普及知识，游戏还会附赠一本小册子，进一步介绍每位设计师的故事，以帮助更多的年轻设计师。

在谈到游戏的设计理念时，米娜说，"女性至今仍在很多领域处于弱势，设计师只是其中之一。了解这款游戏的故事并传播对我们来说十分重要。尽管很多业界先锋对自己的处境十分迷茫，她们依然在努力争取。无论她们来自哪里、多大年纪、从事什么职业，她们的故事一直是我们的动力，鼓舞我们继续用自己的方式帮助更多的女性。"

a celebration
of women in
typography
minna
minā
2019
TEAL
TRIGGS
ELAINE
MAKATURA BASS
SUSAN
KARE
CYLA
COSTA
ELAINE
RAMOS
IRMA
BOOM
MURIEL
COOPER
BANTJES
canada, 1963
ornament
TEAL
TRIGGS
UK, 1970
zines
ELLEN
LUPTON
USA, 1963
JESSICA
WALSH
USA, 1986
advertising
PAULA
SCHER
USA, 1948
KATE
MOROSS
UK, 1986
JESSICA
HISCHE
USA, 1984
in progress
MARGARET
CALVERT
south africa, 1936
road signs
KELLI
ANDERSON
USA, 1983
LOUISE
FILI
BEA
FEITLER
JULIA
HASTING
germany, 1970
SHEILA
LEVRANT

游戏本身是最简单的配对记忆，但同时因为细分视觉传达这个领域，玩家在寻找相同牌面的时候，也会对一类设计师产生游戏之外的印象。顺着这一印象探究，可以翻开设计师准备的关于这些视觉设计师介绍的小册子——这对很多为普及某个领域知识的游戏来说，是一个简单有效的设计模式。

That type of woman
a celebration of women in typography
ELAINE RAMOS
brazil, 1974
cosac naify
ELAINE MAKATURA BASS
LOUISE FILI
APRIL GREIMAN
MARGARET CALVERT
MURIEL COOPER
DORE MÖNKEMEYER-CORTY
ELAINE RAMOS
BEA FEITLER
JESSICA HISCHE
CORITA KENT
CIPE PINELES GOLDEN
JULIA HASTING
JESSICA WALSH
MARIAN BANTJES
ZUZANA LICKO
KATE MOROSS
SUSAN KARE
ELLEN LUPTON
CYLA COSTA
TEAL TRIGGS
IRMA BOOM
PAULA SCHER
KELLI ANDERSON

25 FIERCE WOMEN

烈女如歌设计团队

《烈女如歌》 Fierce Women

作为现代主义与女性主义先锋的代表，弗吉尼亚·伍尔芙（Virginia Woolf）说过："就大多数历史来看，无名氏多为女性。"当我们要求某人说出5位女性哲学家或科学家的名字时，她的话就得到了证实。于是，一个来自克罗地亚的设计团队推出了一款纸牌游戏——《烈女如歌》，其颇具艺术气息的肖像画和简洁的叙事讲述了60位在各个领域做出重要贡献的女性。

据团队设计师戴安娜介绍，这款游戏的玩法较为简单，游戏卡牌和扑克牌的大小类似，包装盒中共有 70 张卡牌，其中 60 张白色卡背的为人物卡，10 张黄色卡背的为行动卡。人物卡正面有该女性的名字、插图和一个小自传；在卡牌上方有一些符号，代表了她们的属性。游戏中的人物共有 6 种属性，分别是：女性主义、人权、文化、艺术、科学和政治。例如，海伦·凯勒（Helen Keller）是一名作家、教育家和社会学家。因此，在她的头顶上方共有 3 个符号，分别是政治、人权和文化。人物的属性以她本人的真实社会背景定制而成。游戏开始时，每位玩家共有 3 张初始手牌，游戏采用抽取一张卡再打出一张卡牌的方式进行。每个属性的卡牌值 1 分，当有两个人收集该属性卡牌时，该属性的卡牌每张值 2 分，以此类推。最后，得分最多的人获胜。

Fierce
WOMEN
ALL THE RIGHT CARDS
Fierce
WOMEN

弗吉尼亚·伍尔芙，英国作家，被誉为 20 世纪现代主义与女性主义的先锋。她是伦敦文学界的核心人物，同时也是布鲁姆斯伯里派（Bloomsbury Group）的成员。她认为最伟大的作家都有雌雄同体的思想，能从女性和男性两个角度来看待世界。

游戏的原名，在克罗地亚语中是 strašne，意为伟大、特殊、卓越。而设计师团队在将游戏翻译成英语时，苦恼于没有合适的词语能够同时反映这三个意思。于是，经过一番激烈讨论，她们将游戏名字定为 Fierce（激烈的）。

Fierce
WOMEN
ALL THE RIGHT CARDS
Fierce
WOMEN
Fierce
WOMEN
Jo Spence
Photographer, writer, cultural worker, and photo therapist. During her prolific photography practice, she became known for her politicised approach to the art form, with socialist and feminist themes throughout her career. Many of her works were self-portraits about her own fight with breast cancer. (1934 - 1992)
Fierce
WOMEN
Fierce
WOMEN

HT CARDS
Fierce
ALL THE RIGHT CARDS
RIGHT CARDS

12
11
10
9

CHAPTER 4
第四章

桌游，是观察地域文化的入口

在当代德式桌游中，俯首皆是关于人文风光的作品，若你有耐心收集所有这类主题的游戏，几乎可以完成一场足不出户的世界环游。但是这其中很多作品都因机制先行而流于场景表面，说得极端一些，不少游戏就是给一套数学模型穿上一件不算违和的民族服饰。反观视觉设计师创作的这些桌游作品，他们只摘取了地域文化中的一角，包装放大后，却成为令人过目不忘的城市名片。

戴安娜·莫里特 多维尔·凯瑟劳斯凯特 /《在舌尖上》
刘雪琪 /《香港游戏》
约阿基姆·贝里奎斯特 /《首都》
玛格达莱妮·王 /《大小捞》
玛尔塔·巴尔采尔 /《雅加婆婆》
TRANSIT 工作室 /《台湾最美的风景——变电箱》

CHAPTER 4

第四章

桌游，是观察地域文化的入口

在当代德式桌游中，俯首皆是关于人文风光的作品。若你有心收集所有这类主题的游戏，几乎可以完成一场足不出户的世界环游。但是这其中很多作品都因机制先行而流于场景表面，说得极端一些，不少游戏就是给一套数学模型穿上一件不甚违和的民族服饰。反观视觉设计师创作的这些桌游作品，他们只撷取了地域文化中的一角，包装放大后，却成为令人过目不忘的城市名片。

戴安娜·莫里特 多维尔·凯瑟劳斯凯特 /《在舌尖上》

刘雪琪 /《香港游戏》

约阿基姆·贝里奎斯特 /《首都》

玛格达莱娜·王 /《大小拐》

玛尔塔·巴尔采尔 /《雅加婆婆》

TRANSIT 工作室 /《台湾最美的风景——变电箱》

38
39
40
42

26 DIANA MOLYTĖ
戴安娜 · 莫里特

DOVILE KACERAUSKAITE
多维尔 · 凯瑟劳斯凯特

《在舌尖上》*On The Tip Of The Tongue*

2-7　5+　40-60

品尝美食
——对话立陶宛设计师戴安娜 · 莫里特与多维尔 · 凯瑟劳斯凯特

欧洲小国立陶宛以旅游建筑和琥珀闻名。但这个美丽的地方还有另外不为人知的一面，那就是美食。在立陶宛，肉类香肠、冷甜菜汤和甜点都是非常出色的美食。说起甜点，立陶宛最出名的甜点非炙叉蛋糕（Šakotis）莫属。炙叉蛋糕，也称树形蛋糕，面点师将可旋转的炙叉置于电子或瓦斯烤炉上，再将一层层的面糊倒在长长的炙叉上，随着炙叉转动，待这一层面糊烤制好后，再铺上另一层面糊，通过面点师神奇的双手，最终呈现出树状的糕点——炙叉蛋糕。然而，在它美妙的口感和有趣的树状背后，有着只属于立陶宛人的浪漫故事。从前，波兰 - 立陶宛联邦的女王芭芭拉 · 拉德维莱特（Barbora Radvilaitė）决定组织一场比赛，找出全国最厉害的厨师。一个名叫尤纳斯的贫穷农民凭借炙叉蛋糕脱颖而出。他请求女王赏赐他一件珍珠首饰，这样他就能迎娶自己的未婚妻了。女王欣然应允，甚至亲自参加了他的婚礼。由此，炙叉蛋糕就成了婚礼蛋糕，也成了立陶宛很受欢迎的甜点。

平面设计师戴安娜 · 莫里特和多维尔 · 凯瑟劳斯凯特是生活在立陶宛的居民。在一次交谈中，她们注意到，在立陶宛，民族文化和民族美食的表现形式往往缺乏独创性，于是她们希望能够设计一款游戏，玩家通过交互互动来了解民族文化和历史，同时品尝美食。戴安娜说，“当时我就想到了炙叉蛋糕，它非常适合放在游戏中，以达到终点和奖赏的效果。于是我们查阅了很多历史和文化资料，设计出了这款游戏。它可以品尝，也可以玩耍，最重要的是，它能够激发人们的好奇心，重新挖掘立陶宛的民族文化。”

《在舌尖上》是一个有关立陶宛文化、语言和烹饪的游戏。该游戏包含一个 App、一个

桌游面板（由布料制成）和一个炙叉蛋糕。作为游戏的奖励，将炙叉蛋糕放在桌游面板的中间。玩家通过游戏 App 回答问题并完成不同的任务前进，游戏的目标是去往中心获得甜点。游戏的问题多种多样，有看图说话、看图讲故事等。如果有人连续两个问题回答正确，则可以品尝一块炙叉蛋糕！

当在手机中打开游戏和结束游戏时，手机上都会跳出一个几秒钟的动画，这个动画是《在舌尖上》民族文化项目的一个隐藏故事。在立陶宛，共有 5 个不同的民族文化地区，每个区域在节日时都有独特的庆祝方式和传统活动。许多活动与季节紧密相连，而动画构成了一年完整的活动周期。设计师以最独特的方式介绍所有地区的庆祝活动，如从火焰跳过去、唱当地民族歌曲等。“我们采用了动画的形式来表达。虽然制作过程会有些烦琐，但我们希望动画丰富多彩的形式更能让玩家喜欢。”

这款游戏的第一个版本参加了立陶宛会展中心 Studies 2019 展览（波罗的海国家最大的国际展览会），并由老师、学生等不同年龄组的人参与了测试。游戏非常受欢迎，由此多维尔创建了她们的设计品牌 ANTO GALO。“立陶宛的文化遗产具有多个层次，无论是方言、神话还是音乐民俗，每个地区都有着自己独特的光彩。我们创建了《在舌尖上》这样一个互动游戏来展现立陶宛遗产的多样性。我认为，《在舌尖上》这个游戏代表了我们对各种设计的兴趣，它们融合了立陶宛的民族文化，包括包装、品牌、游戏设计和插图。它们全都可以归纳为一种愿望——创建有趣东西的体验，而不仅仅是制作漂亮的东西。”

ANT
LIEŽUVIO
GALO
ANT 
LIEŽUVIO
GALO
ŠAKOTIS
Lietuvas kulinarinis paveldas
ANT
LIEŽUVIO
GALO

炙叉蛋糕是立陶宛庆祝活动中最重要的甜点之一，尤其是在婚礼或圣诞节等其他特殊场合。2015 年，立陶宛最大的炙叉蛋糕打破了世界纪录，高达 3.72 米，重为 85.8 公斤。两位视觉设计师将食物摆在游戏版图中间的行为也同样打破常规，但是却可能为游戏设计师拓展了新的思考维度。

27 YUKI LAU

刘雪琪

《香港游戏》*Game of Hong Kong*

2+ 10+ ∞

丝袜奶茶、维多利亚港、彩虹邨、旺角……提到中国香港，你最先会想到什么？在英国学习的华裔设计师刘雪琪会想到一些与香港有关的小游戏：《多米诺骨牌》《蛇梯棋》《聚精会神》……这些游戏的某些方面和香港的街道、建筑以及美食是那么相似。这些 想法在她的脑海里挥之不去，于是，在学习平面设计的最后一年，她设计了一款游戏作为自己的毕业项目。这款游戏融合了她之前的灵感，将香港特色和传统小游戏完美融合在了一起，这就是《香港游戏》。

第一款游戏的灵感来源于纸牌游戏《聚精会神》，游戏的插图基于 19 世纪 40 年代至 20 世纪 90 年代香港的建筑，所有纸牌牌面朝下，每轮翻开两张纸牌，如纸牌图案相同，则配对成功。第二个游戏插图为 20 世纪初留下的景象，规则类似于棋类游戏《蛇梯棋》，根据骰子的点数，在一个由下而上的楼梯行走，在游戏的过程中，你会得到帮助，也会遇到阻碍。第三个游戏是《多米诺骨牌》的翻版——每个多米诺骨牌都是一张矩形卡片，两张卡片首尾可相互拼接，而每张卡牌都代表了一种香港美食，另外，游戏还附带一本小册子，解释每道菜的起源。

雪琪说，她想要表达的是“如何教育年轻人了解香港的过去”，而该游戏就是设计的成果。

港
遊
戲
E OF HONG KONG
大街小巷
STREETS OF HONG KONG
茶餐廳
CHAN CHAAN TENG
NIAL BEAUTY

动手提示！沿着
拢线裁切下来，就
了4张明信片，将
港的风土人情送
时不能去旅行的你。

PINEAPPLE BUN
菠蘿包
EGG TART
蛋撻
SAI CHANN
豉油西餐
FRENCH TOAST
西多士
MILK TEA
奶茶
EGG WAFFLE
格仔餅

香港遊戲
GAME OF HONG KONG

舊最高法院
D SUPREME COURT
大館
TAI KWUN
雷生春
西港城
THE BLUE HOUSE CLUSTER

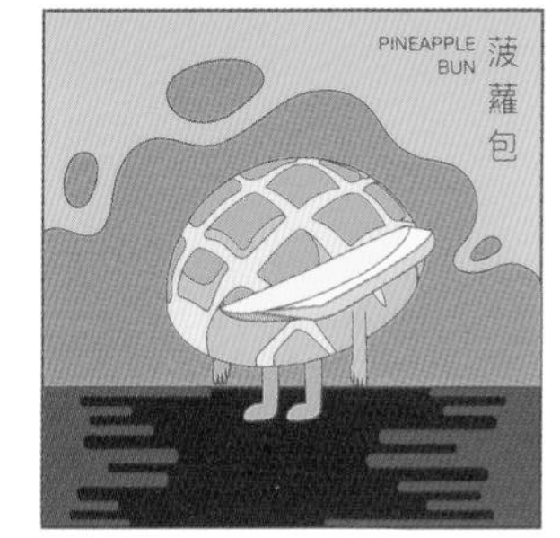

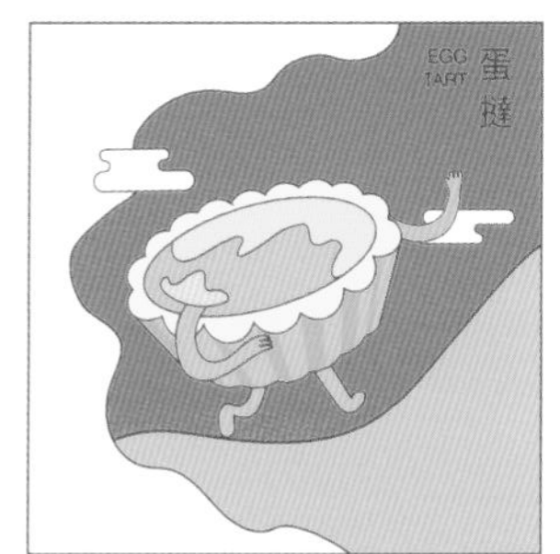

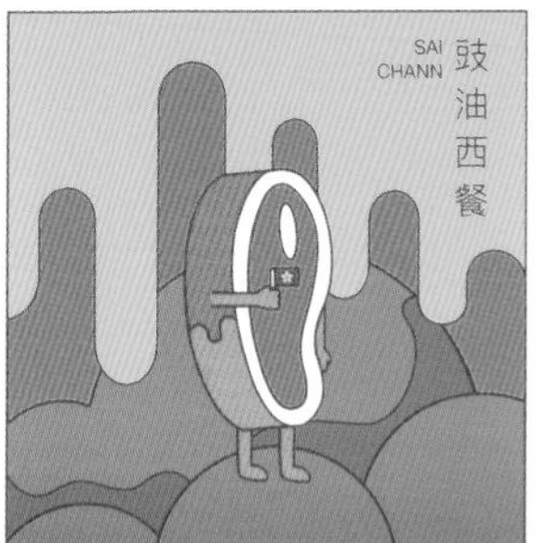

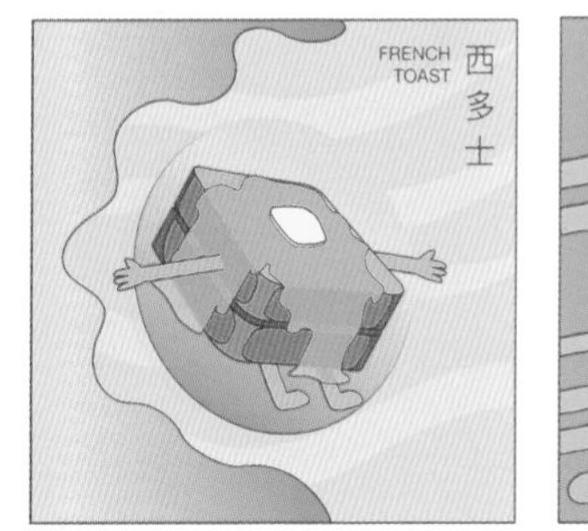

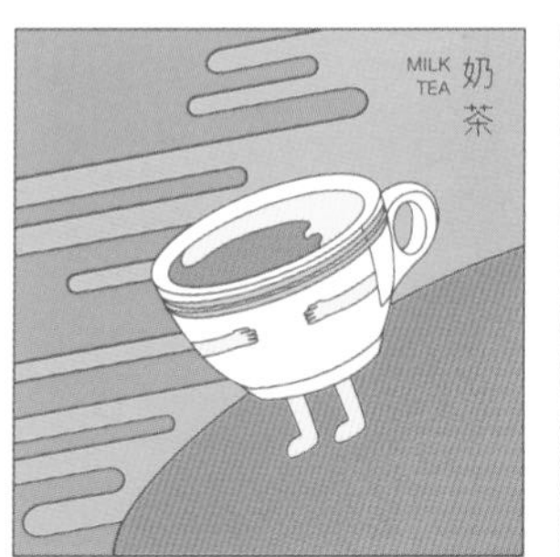

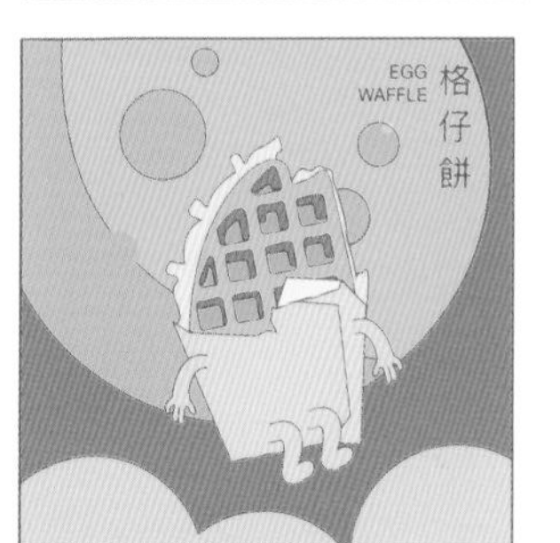

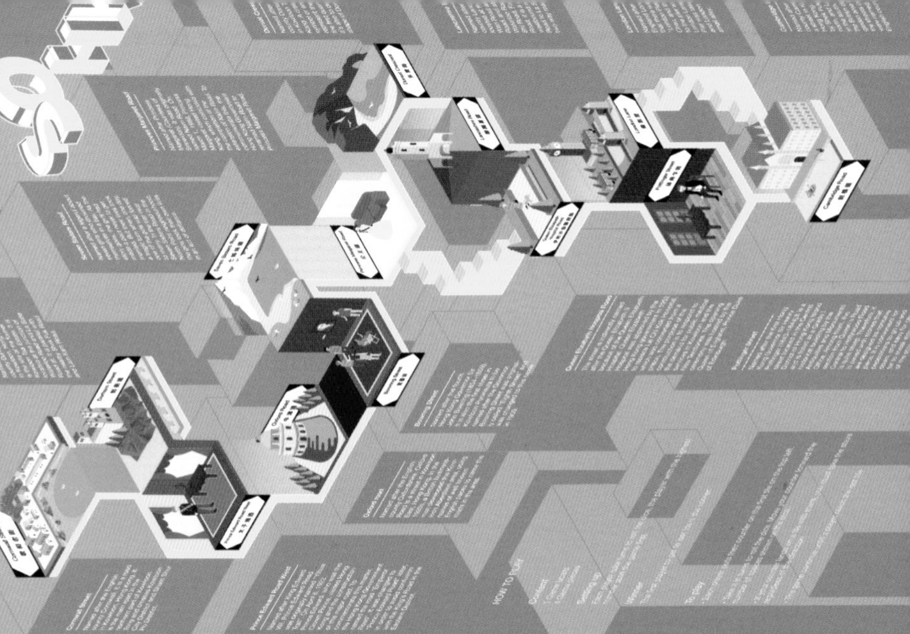

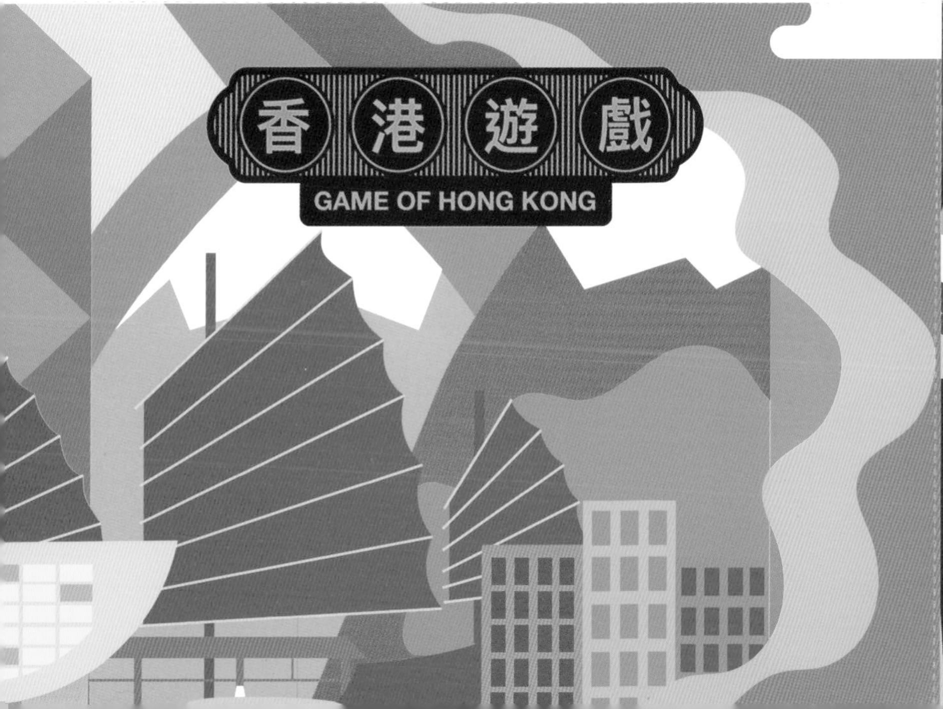

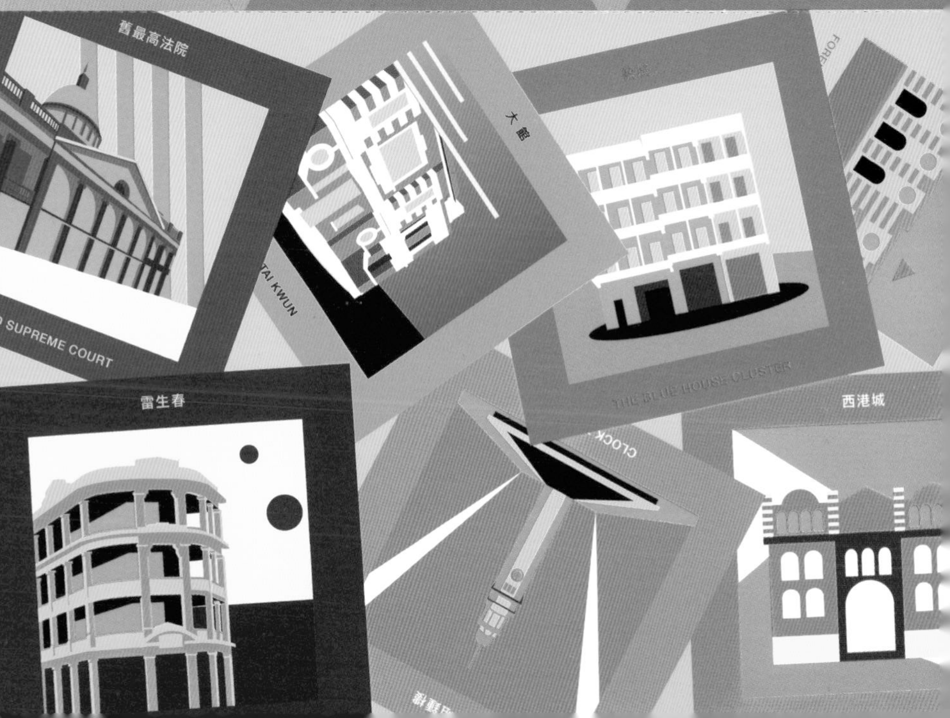

西港城
WESTERN MARKET
大館
TAI KWUN
大街小巷
STREETS OF HONG KONG

28 JOAKIM BERGKVIST

约阿基姆 · 贝里奎斯特

《首都》 *Hufvudstaden*

2–6 13+ 75

1973 年，瑞典斯德哥尔摩市中心的一家银行遭到抢劫，但随着事态的发展，被劫持的银行职员对抢劫者产生了强烈的情感依赖，继而对施救者采取敌对的态度——这就是“斯德哥尔摩综合征”的由来。

或许大家对斯德哥尔摩的了解也止步于此。事实上，斯德哥尔摩是一座非常美丽的城市，它既是瑞典的首都，也是瑞典最大的城市。玩过《首都》这款游戏后，你会发现原来关于这座城市的话题还有这么多。

作者的创作灵感来源于斯德哥尔摩的知识论文集。游戏包含 1500 个问题，包括战争、家庭教育和一些小常识。例如，省市内有多少寿司店？机场有多远？哪位斯德哥尔摩作家习惯装饰书的封面？……玩家之间通过抢答获得分数，分数最高的将会是赢家。获胜的小诀窍是将精力放在城市的某一部分，精细到街道的事物，这样你的对手就很难赢过你。

设计师贝里奎斯特说，“斯德哥尔摩是一个非常美丽的城市，它历史悠久，容纳百川。我翻阅了很多历史资料设计出了这款游戏，希望大家可以来斯德哥尔摩观光玩耍。”

SÄLLSKAPSSPELET
HUFVUDSTADEN
DET STORA KUNSKAPSSPELET OM STOCKHOLM

"Oerhört vackert spel."
"Solklara 5 plus för vuxna stockholmare."
Aftonbladet

ÖSTERMALM
ÖSTERMALM

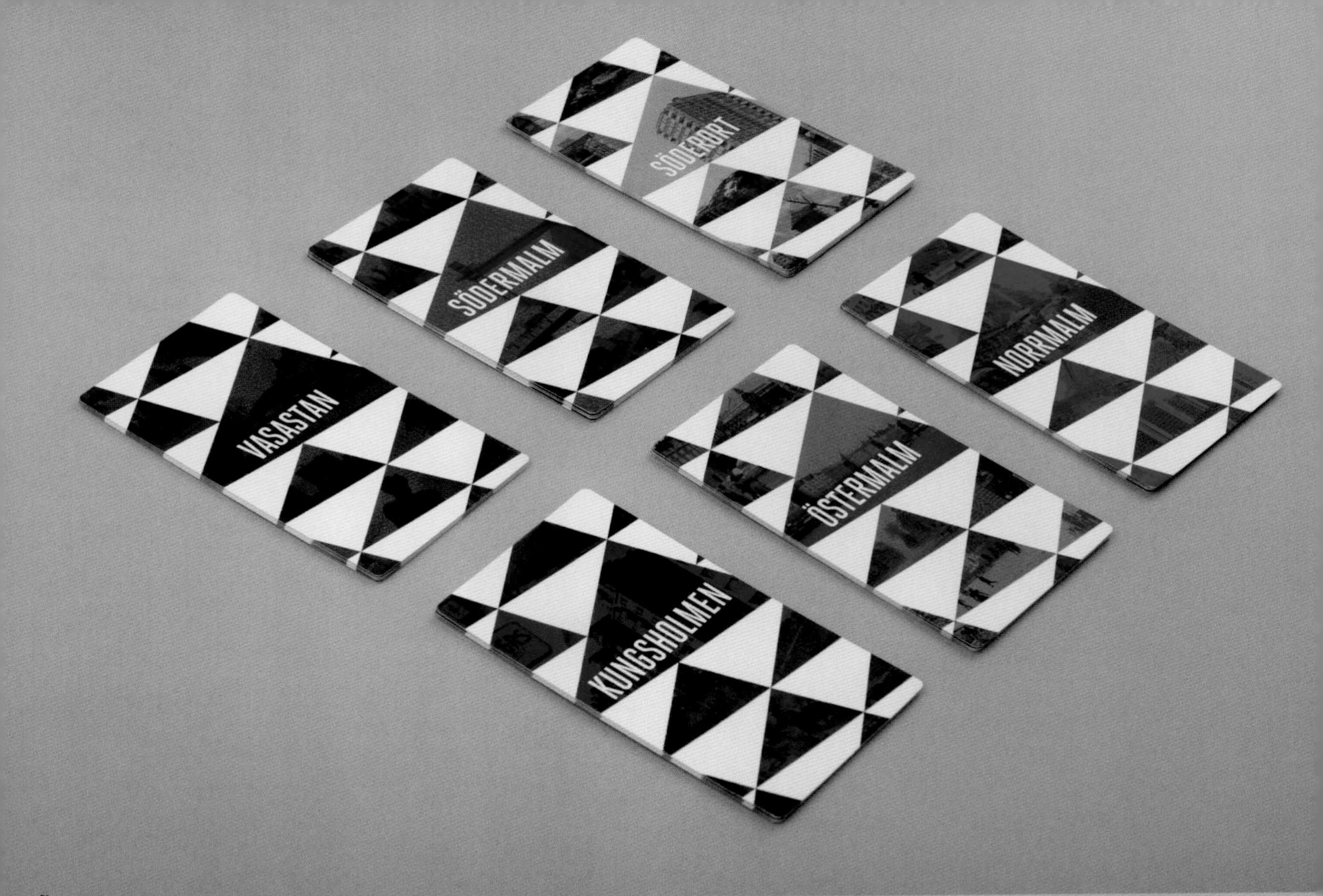

SÖDERORT
SÖDERMALM
NORRMALM
VASASTAN
ÖSTERMALM
KUNGSHOLMEN

SÄLLSKAPSSPELET
HUFVUDSTADEN
SPELREGLER

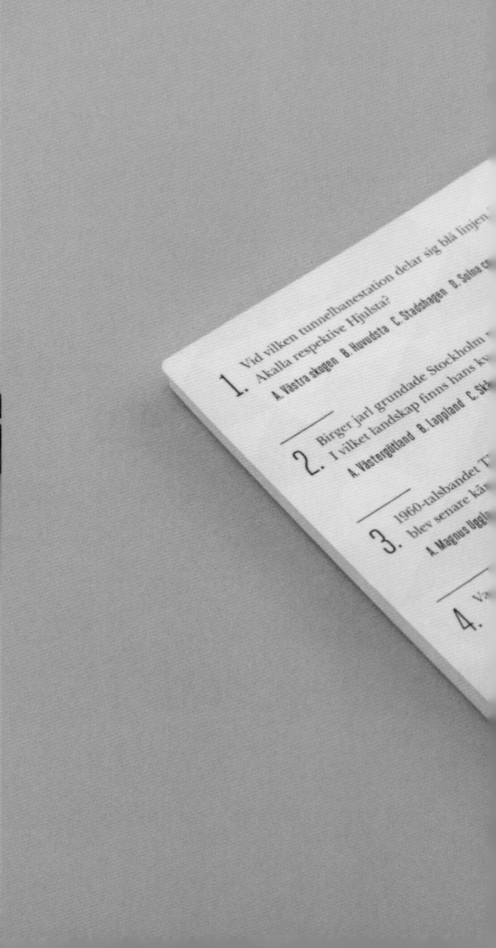

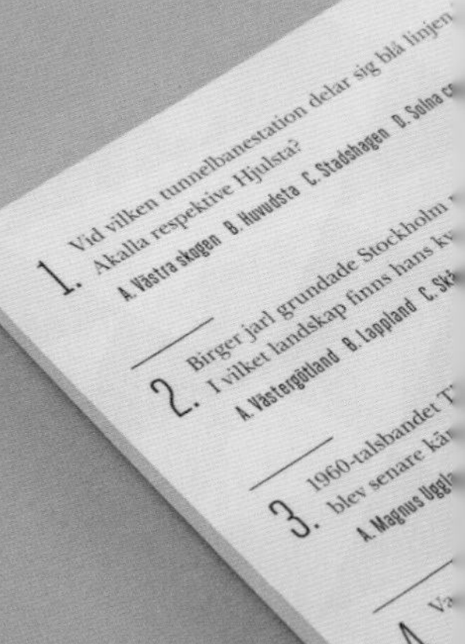
1. Vid vilken tunnelbanestation delar sig blå linjen
Akalla respektive Hjulsta?
A. Västra skogen B. Huvudsta C. Stadshagen D. Solna c
2. Birger jarl grundade Stockholm
I vilket landskap finns hans
A. Västergötland B. Lappland C.
3. 1960-talsbandet
blev senare
A. Magnus
4.

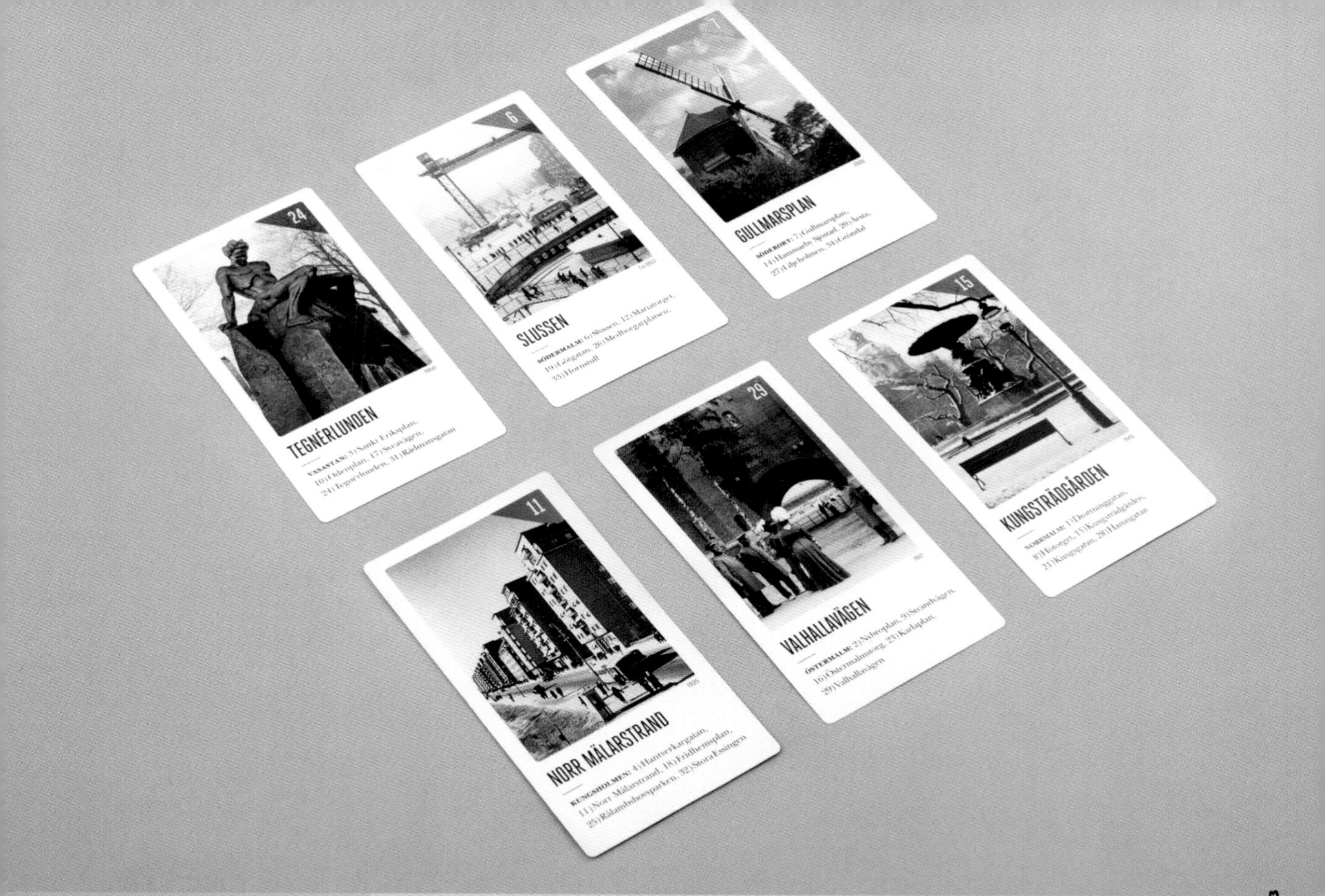
24
TEGNÉRLUNDEN
6
SLUSSEN
7
GULLMARSPLAN
11
NORR MÄLARSTRAND
29
VALHALLAVÄGEN
15
KUNGSTRÄDGÅRDEN

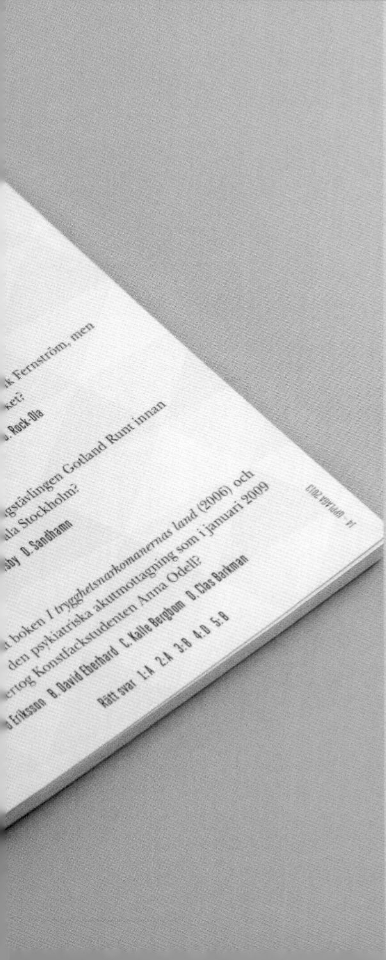
Rätt svar 1.A 2.A 3.B 4.D 5.B

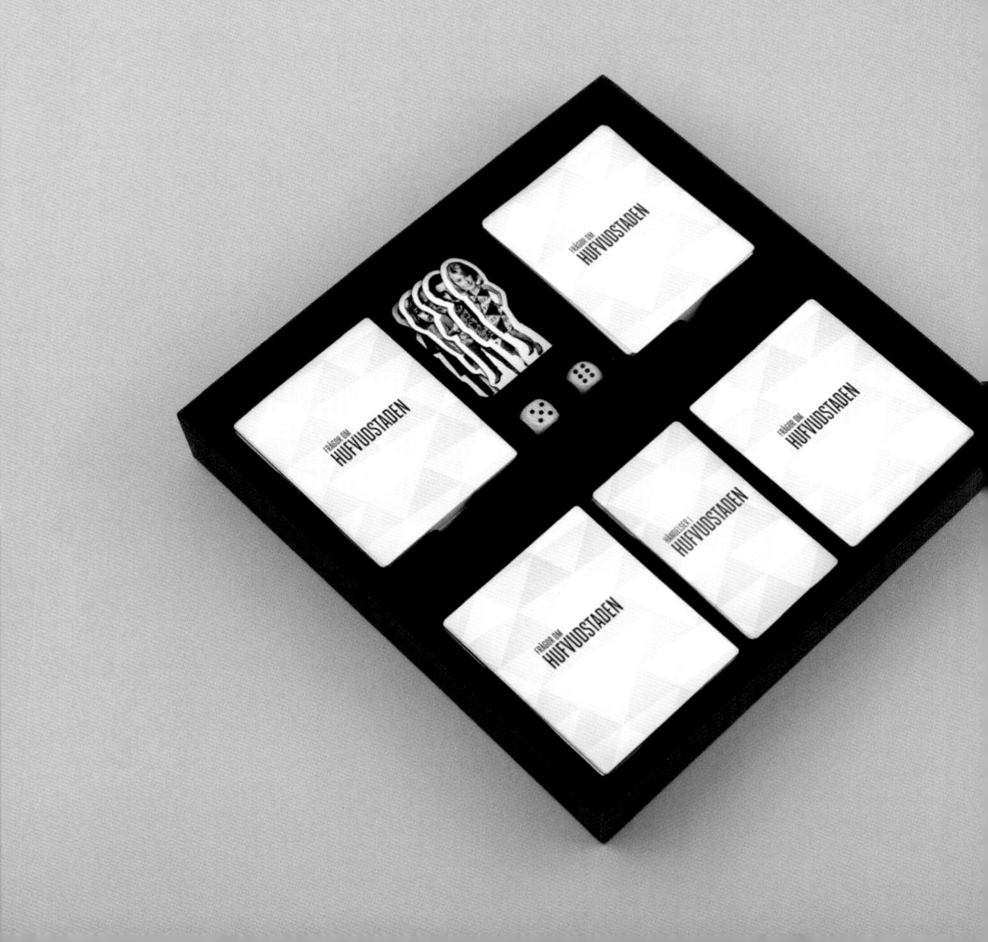
FRÅGOR OM
HUFVUDSTADEN
HÄNDELSER I
HUFVUDSTADEN

SÄLLSKAPSSPELET
HUFVUDSTADEN
DET STORA KUNSKAPSSPELET OM STOCKHOLM

SÄLLSKAPSSPELET
HUFVUDSTADEN

SPELREGLER

FRÅGOR OM
HUFVUDSTADEN

HÄNDELSER I
HUFVUDSTADEN

ALTERNATIV
Gör det lite lättare.

1. GEOGRAFI
2. NU OCH DÅ
3. KULTUR OCH NÖJE
4. SPORT OCH FRITID
5. BLANDAT
6. VALFRI KATEGORI

NORRMAL
ÖSTERMA
VASASTA
KUNGSHOLI
SÖDERMA
SÖDERO
JOKER

8
10
HÖTORGET

VASASTAN
KUNGSHOLMEN
NORRMALM
ÖSTERMALM
SÖDERMALM
SÖDERORT
STUREPLAN
SKANSEN
SKÄRGÅRDEN
GAMLA STAN

1 wins 中 150
大小榜
BIG SMALL LOU
BIG
Total Points
11 to 17
大
1 wins 中 1
1 wins 中 24
ANY TRIPLE
14
15
16
6
17
5
1 wins 中 14
4
1 wins 中 18
1 wins 中 50

mak
jemioła
kurze nóżki
jemioła
kurze nóżki
muchomor

31 TRANSIT STUDIO
TRANSIT 工作室

《台湾最美的风景——变电箱》
Taiwan's Most Beautiful Scenery Transformer Box

3-6　8+　30

我们很难赞美路边的变电箱，但这就是TRANSIT工作室想要尝试的一件事情。

在 2016 年的宝可梦 GO 热潮之前，中国台湾地区是不会有人想要多看变电箱一眼的。脏，乱，上面还涂着不明意义的彩绘，这就是变电箱的特点。但谁能料想到，因为宝可梦 GO 的大火，这个在台湾地区随处可见的风景，却成为手机游戏上最热门的景点。刚开始的 TRANSIT 工作室也是追逐宝可梦的一员。但是，在观察到这样的变化后，他们希望可以捕捉这样的城市风景，让人不光看到变电箱，还可以进一步了解它们。它们很重要，也可以更美丽。

无论是古老的九份茶楼、现代奇幻的高雄爱河，还是新生代的建筑台中歌剧院，周围都有变电箱的身影。但这次，它们不再喧宾夺主，反而褪去艳丽的外衣，漆上中和的色彩，融入众所周知的场景。变电箱很美，但这种美你愿意花多少钱来获得？游戏中的电力指示物代表竞标金币。在你心中，这些美丽的风景价值多少，就用电力指示物来呈现吧。竞标元素整合游戏，玩家相互竞争，你标下的不只是风景，也是美学的价值。

在台湾地区，变电箱因为外观花哨，因此难以进行系统的城市规划。设计师希望通过简单易懂的桌游规则，将转换后的变电箱放入游戏卡片中，让大家体验都市的和谐之美。在游戏中，玩家将扮演都市景观设计师，分牌竞标并搜集不同的卡片。每种卡片都有不同的计分方式，在游戏结束时，得分最高的玩家获胜。

臺灣最美的風景變電箱

TAIWAN'S MOST BEAUTIFUL SCENERY TRANSFORMER BOX

城市角落的桌上遊戲 VS 電力競標的生存美學

游戏卡片不只有精致的图片，使用者界面也是游玩体验重要的一环。为求降低视觉的干扰，设计师将卡片的效果图示化，让玩家快速理解卡片效果，同时保持卡面的整齐清爽。

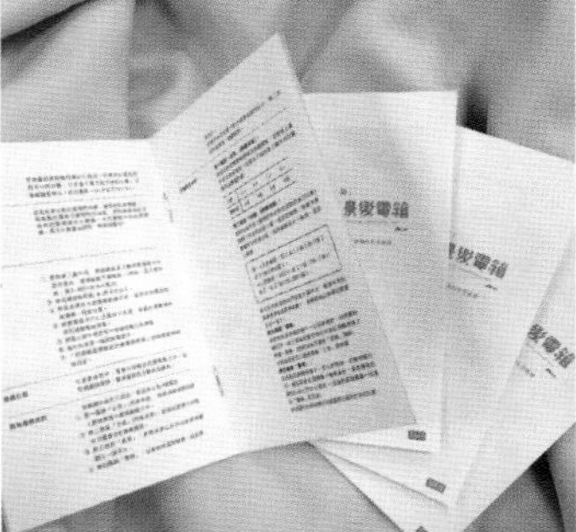

紅樓劇場

CHAPTER 5
第五章

让“眼熟的”变成“耀眼的”，老游戏的再设计

自从有了“设计”这一概念，设计师们便肩负起利用美学技术“继往开来”的使命。当然若追溯到更早，那些陈列在画廊之中的大师杰作，也概莫能外地是运用杰出的技法描绘人们耳熟能详的经典神话或历史事件。艺术设计可以赋予被时代淘汰的老旧物品以新的生命力，这一点在桌游世界中也是如此，无论是民间的还是常见的，那些你看起来“眼熟的”，在设计力“赋能”过后都成了“耀眼的”。

安贾莉·索扎 /《蛇与梯子》《骰子游戏》《纸牌游戏》
洪纪敏 /《妙探寻凶——布达佩斯大饭店版》
里奇·多拉托 /《狼人之家》欧萨尔·耶西利克 /《异想天开的卡梅隆——井字游戏》《杜维特》

CHAPTER 5

第五章

让"眼熟的"变成"耀眼的"，老游戏的再设计

自从有了"设计"这一概念，设计师们便肩负起利用美学技术"继往开来"的使命。当然若追溯到更早，那些陈列在画廊之中的大师杰作，也概莫能外地是运用杰出的技法描绘人们耳熟能详的经典神话或历史事件。艺术设计可以赋予被时代淘汰的老旧物品以新的生命力，这一点在桌游世界中也是如此，无论是民间的还是常见的，那些你看起来"眼熟的"，在设计力"赋能"过后都成了"耀眼的"。

安贾莉·索扎/《蛇与梯子》《骰子游戏》《纸牌游戏》

洪纪敏/《妙探寻凶——布达佩斯大饭店版》

里奇·多拉托/《狼人之家》欧萨尔·耶西利克/《异想天开的井

梅隆——井字游戏》《杜维特》

32 ANJALI DSOUZA

安贾莉·索扎

《蛇与梯子》*Snake and Ladders*

6 4+ 15–45

民间游戏

——专访印度设计师安贾莉·索扎

《骰子游戏》*Pachisi*

4 7+ 45

在印度，桌游是一项传统的家庭活动。如果你尝试过了解南亚的桌游世界，你会发现，这里的桌游体系很成熟。在这里，无论男女老少、穷人或富豪，桌游都是他们生活中必不可少的一样物品。但随着时代的发展，当电子游戏席卷全球时，年轻人和儿童们逐渐对传统桌游失去了兴趣，他们沉迷于电子游戏，也对传统文化一无所知。设计师安贾莉·索扎注意到了这一点，并基于此把5款传统桌游进行再设计，结合现代流行的游戏机制，激发孩子对传统桌游的兴趣。

《蛇与梯子》，梵文意思是“攀登巅峰”。游戏中，玩家试图攀登巅峰去接近神，也会遇到人一生中的因果报应。梯子在游戏中代表了优点，蛇则代表罪恶。游戏版图的设计来源于印度著名景点拉克希曼神庙和中央邦的龚德民族文化。

“桌游对我来说一直都是一种在快乐中学习的方式。例如，《蛇与梯子》便是一个克服障碍（蛇）来攀爬梯子从而获得启迪的游戏。印度游戏非常注重教育意义，同时可以展示我们国家的艺术和文化。印度游戏自古以来一直是一种将家庭和朋友聚在一起的媒介。”安贾莉说。

在印度游戏中，决定行动点的骰子称为玛瑙贝壳，这是传统的印度骰子。在《蛇与梯子》游戏中，玩家通过掷玛瑙贝壳来决定由谁开始，只有掷出1或6后，玩家才能开始游戏。玛瑙贝壳决定移动的点数。当玩家走到蛇头的点数时，则顺着梯子滑落至蛇尾；当玩家到达梯子底部时，则顺着梯子攀登至梯顶。先到达100的玩家获胜。

《骰子游戏》是一款传统的印度国民游戏，印度骰子在西方被称为Ludo或Parcheesi。Parcheesi直译为25。游戏版图是用4个南印度工艺玩具而围成的城堡。游戏从版图中央开始，玩家分为两队，每队2人。绿色和红色一队，蓝色和黄色一队。游戏开始前，每人选择一位玩家作为队友，面对面坐着。游戏主要通过投掷玛瑙贝壳来决定游戏走向，只投掷出特定点数（25、10、6）才能将游戏指示物移出中央，第一个将自己的所有指示物绕版图行进一周并回到中央区域的玩家获胜。“《骰子游戏》的内核可以说是印度传统的一部分。”安贾莉在谈到这款游戏时说道，“桌游对于我来说，是一种学习和培养技能的手段，是一种娱乐的媒介，也是一个让家庭团聚的机会。”而这款游戏的包装也极具创新性，编织款小篮子得益于卡纳塔克邦和安得拉邦的南印度玩具工艺，不仅便于携带，外观也十分小巧可爱。

PACHISI
Instruction Book
TOYS AND IMAGES OF TAMIL NADU
PACHISI
THE NATIONAL GAME OF INDIA
CHENNAPATNA TOYS OF KARNATAKA

《九个鹅卵石》Navakankari

《尤诺牌》UNO Cards

2-10 7+ 60+

《九个鹅卵石》(Navakankari)，是西方游戏《Nine Men's Morris》的雏形。而游戏中棋子的灵感来自吉吉拉特邦的传统银首饰，棋子上的红色和绿色珠子类似于小鹅卵石。底板是一个竹垫，上面放着一块用茶叶染色的方形帆布，并镶着一块班迪尼布和金丝带。这款游戏的总体灵感来源于吉吉拉特邦古老精美的手工艺品——贴花工艺和扎染工艺。“我确保每个游戏都会选取相关的材质。” 索扎指出，“根据游戏的不同主题，我所选择的材质也不同。例如《蛇与梯子》，我选择使用帆布来模拟布和柱子做成的卷轴。棋子也象征着寺院的钟，因为整个蛇与梯子的游戏便是印度中央邦的一个寺院的蓝图。因此我选择了来自中央邦的民间艺术完成了视觉设计。而到了《九个鹅卵石》，我选择了吉吉拉特邦的传统工艺。吉吉拉特的丝织品并不是印染上去的。它的扎染方法和织法使得织物的正反两面图案完全相同。它需要复杂的计算，完全依据花纹的几何图形。整个制作过程耗时费工，极其不易。”

《尤诺牌》(UNO Cards)是一款灵感来源于卡车的卡牌游戏。印度的公路以其色彩缤纷的手绘卡车而闻名，这些卡车具有独特的风格。安贾莉设计这些卡片是为了庆祝卡车艺术的鲜明主题和元素。游戏开局时，每个玩家都有 7 张卡牌，通过弃牌、抽牌等规则进行游戏。当游戏进行到有一个玩家还剩一张牌时，他们必须大喊“UNO！”。当有玩家没有手牌时，游戏结束。

“这款游戏的艺术效果在于卡片，希望人们不仅仅将印度卡车视为一种装饰。我将这些卡设计成类似于二维卡车的样式。108 张卡牌牌面为卡车前脸，卡背为卡车

NAVAKANKARI
NUMERO
UNO
NUMERO
UNO
TN 01
2345
DRAW FOUR
WILD
WILD
DRAW
TWO
NUMERO
UNO

JOKER
TEEN
PATTI
PLAYING CARDS
TEEN
PATTI
PLAYING CARDS

《纸牌游戏》*Playing Cards*

的后部图案，动作卡“野性”牌（Wild Card），带有黄色邪恶的面孔，这是每辆印度卡车抵御邪恶所必不可少的元素。《纸牌游戏》（Playing Cards）则是一款简洁明了的游戏。该游戏没有明确的规则，如同扑克牌一样，不同的地方有自己不同的规则。而安贾莉的设计目的是让大家更加了解拉贾斯坦邦的本土文化，通过卡牌创造一个故事。每个牌组的 K、Q 和 J 都讲述了一个故事，卡牌 J 的形象是一名穿着拉贾斯坦邦传统服饰的男子，改变了人们对扑克牌的看法。扑克牌的外包装印有拉贾斯坦邦风格的图案，旨在唤醒人们对拉贾斯坦邦的本土文化的热情。

一直以来，印度的设计以颜色鲜明、亮丽为主。在安贾莉看来，鲜明的视觉设计有助于增加游戏吸引力和玩家的兴趣。“我认为吸引人的设计可以为一个产品增添附加价值，使得它能够在市场上起到立体挺拔的效果。视觉设计也起到了用图像讲故事的作用。”

任何艺术的再创作都是会遇到瓶颈的，安贾莉也不例外。但在她的创作过程中，每款游戏的创作时长大概只在 25 天左右。安贾莉说，“虽然会遇到困难，但毕竟创立这个项目是为了吸引人们关注印度民间艺术，因此我遵循了参考、研究、构思的过程。在参考和研究时，查阅了大量印度传统民间的资料和习俗，这让我可以打破常规，设计迸发出有创造力和有吸引力的作品。”

通过这些再创作的传统游戏，安贾莉也获得了很多奖项，并有了属于自己的个人品牌。谈到未来，安贾莉说，“我很想从头开始设计一款游戏，并且这个游戏一定是为孩子设计的，让他们意识到印度的传统文化。或许，这会是个跟食物有关的游戏。”

33 JIMIN HONG
洪纪敏

《妙探寻凶——布达佩斯大饭店版》
CLUE——"The Grand Budapest Hotel" Edition

3-6 8+ 45-60

1949 年，一款名为《妙探寻凶》的谋杀推理类桌游在英国首次发行，随后风靡全球，受到各国玩家的广泛喜爱。洪纪敏也不例外，这个游戏陪伴她度过了童年和家人在一起的美好时光。同时，她还是一位电影爱好者。而当她看到电影《布达佩斯大饭店》（The Grand Budapest Hotel）时，她的大脑灵光一现，想将二者结合起来，制作一款桌游。“《布达佩斯大饭店》是我最喜欢的电影，里面有独一无二的色调和设计、构图，看完后让人念念不忘。后来我发现可以将这部电影和《妙探寻凶》很好地结合在一起。基于此，遵循了《妙探寻凶》的游戏规则，而故事和视觉表现则取材于电影《布达佩斯大饭店》。我相信，《妙探寻凶》一直以来备受喜爱的原因是它具有自己独特的节奏和游戏带来的紧张感。在这一点上，它与电影《布达佩斯大饭店》的故事和视觉效果具有协同作用。”

游戏共有六位嫌疑人，每位玩家扮演《布达佩斯大饭店》中的一个角色，通过收集线索的方式确定谁杀死了受害者、凶手的犯罪地点以及使用的武器。在谈到游戏的特点时，洪纪敏认为自己的设计具有经典的侦探风格，每个玩家都会配备笔和笔记本来记录线索，其人物特点和故事线也十分吸引人。

在洪纪敏制作的游戏里，游戏配件和包装袋的选择十分巧妙，例如木材、邮票、可再生纸等，意在给人一种置身于电影场景中的感觉。“我很欣赏电影中的概念和艺术风格，所以我想从包装和配饰中表达自己想要的视觉效果。概念和故事是这样的，请想象一下我们是当时的侦探，有一天奇怪的包裹送到了你的手上，这是关于 D 夫人谋杀案的文件。我们不知道这个包裹是从哪里来的，但这是一个非常有趣的案子。值得一试。”

M. Gustave

Personality

YOU MAY MAKE SUGGESTION USING
A ROOM YOU ARE NOT IN AND
SUSPECT MOVED IN THE ROOM

Personality

Personality

YOU MAY RANDOMLY PICK
A CARD TO LOOK FROM SOMEONE
YOU JUST SHOWED A CARD TO

EMPIRE OF 20
Confidential
THE SUSPECTS
CLUE
Equipment
TAKE ANOTHER TURN
Play instead of rolling the dice
MOVE ANYWHERE !
Play instead of rolling the dice
Keeper
Play at the end of your turn
MOVE ANYONE BACK TO THEIR START POINT
Play at the end of your turn
Keeper
Clocks
CONFIDENT

M.Gustave
Zero
Jopling
Weapons
GRAND BUDAPEST

34 RICH DORATO
里奇·多拉托

《狼人之家》 *Werewolf House*

你是否也厌倦了游戏中那些沉闷无聊的元素？有这样一款游戏，可以使你的肾上腺素飙升，玩家彼此之间可以互相猜忌、愚弄。游戏类似于“狼人杀”的玩法：主持人向每个玩家分发一张角色卡，一部分人是（狼人），一部分人是村民。游戏分为“夜晚”和“白天”两个阶段，狼人在“夜晚”秘密杀死村民，村民们在“白天”中辩论狼人的身份。游戏可容纳7–12人，其中村民卡6–10张，狼人卡1–2张。不同于“狼人杀”的是，游戏的卡牌分为蓝色背景的普通牌和黑色背景的“混乱”牌。这些特殊的卡牌会随机发放，可以在该局游戏中起到混淆视听的作用。

《狼人之家》（Werewolf House）的游戏核心是基于德米特里·达维多夫（Dimitry Davidoff）的心理游戏《黑手党》。“狼人杀”在世界各地都有流行和经典的段子，但这个游戏是一个全新的设计，《狼人之家》在剧情上将会有更多的乐趣、进展将会更快、情节更加激烈，最重要的是游戏难度将会更大。玩家通过编造各种谎言进行厮杀，并通过管理手中的卡牌，控制游戏进度，掌握游戏局面。留到最后的玩家将获得胜利。

Morsgris
n bybo, och du dör om
Tjusiga damen dör
HARMONTOWN
Fyllo
Du är full och kan bara kommunicera
genom gester och ljud, inget pr
Sh
Varje natt kan
annan bybo fr
Nolla
u är värde
NO MA'

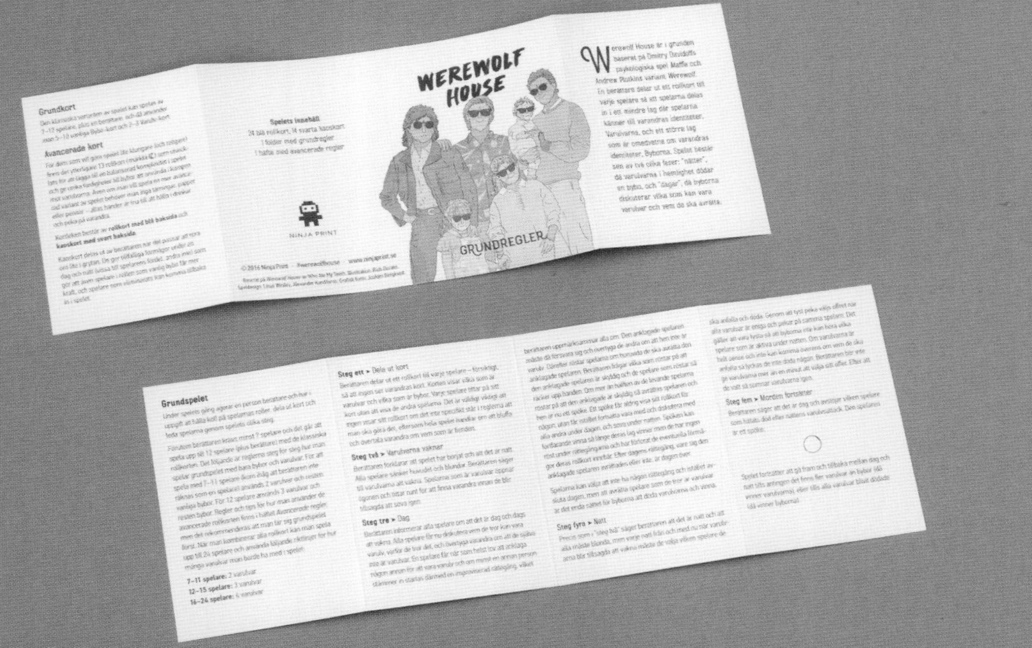

一款“狼人”玩法的游戏，却没有任何狼人的画面，其实抓住的是“狼人游戏”的聚会属性，并且从画风到 UI，完全设计成了派对风格，跳脱出了藩篱。另外，游戏还在印刷上别具匠心地使用了荧光油墨，这让游戏盒子在灯光昏暗的环境中也能引人瞩目。

Ett festspel för
människor och varulvar
WEREWOLF
HOUSE
WEREWOLF
HOUSE
GRUNDREGLER

Ett festspel för
människor och varulvar
WEREWOLF
HOUSE
WEREWOLF
HOUSE

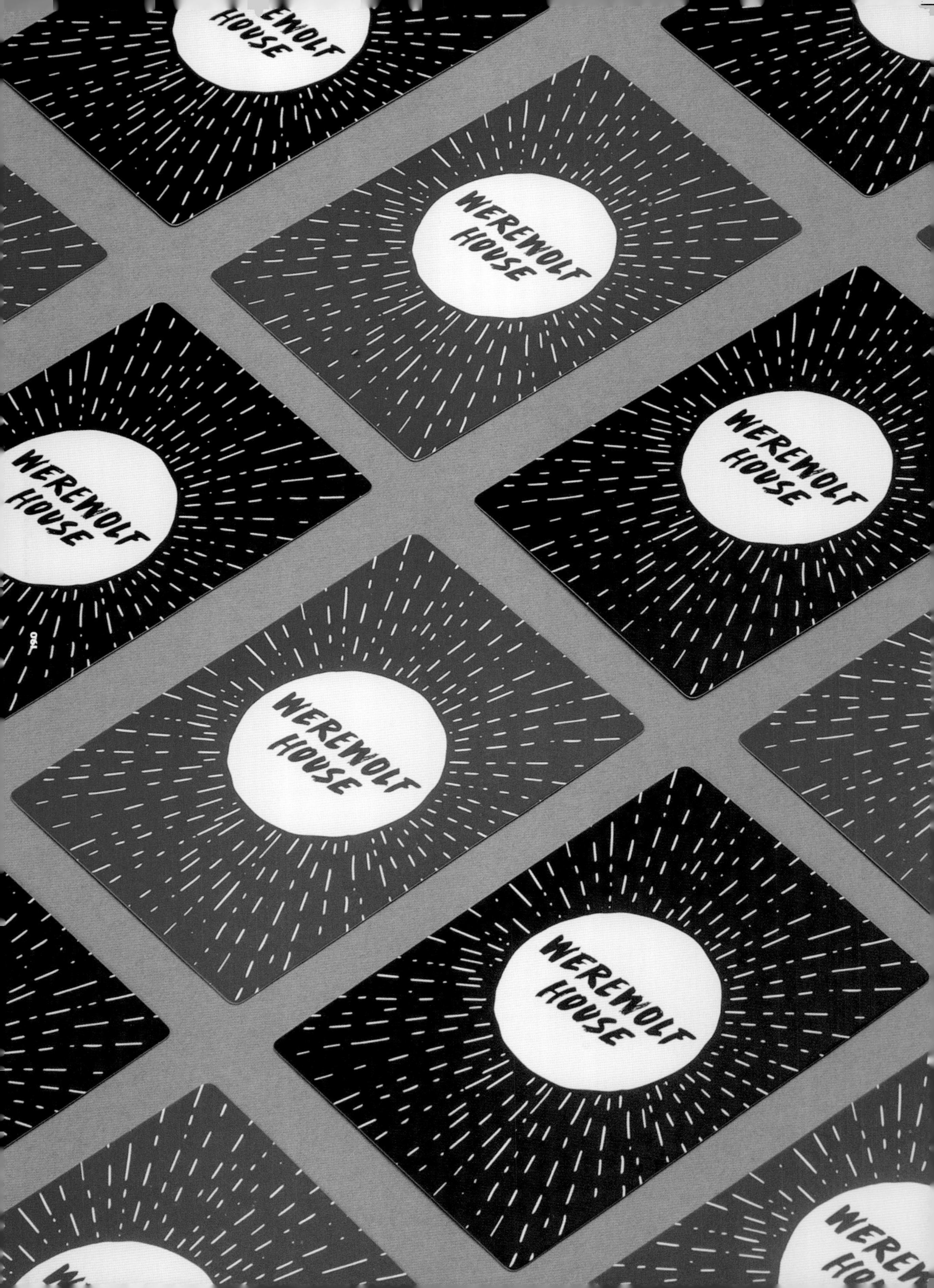
WEREWOLF
HOUSE

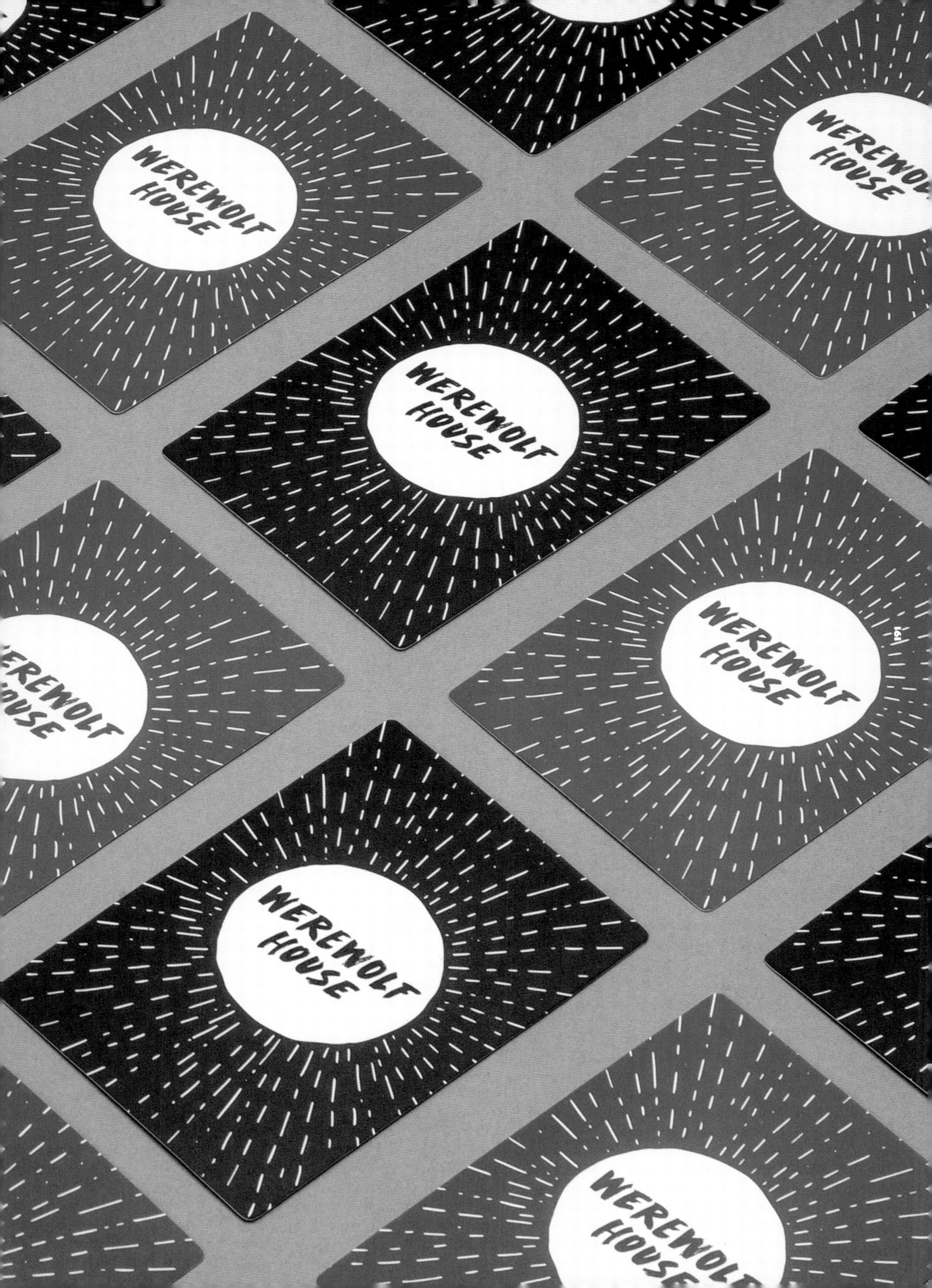
WEREWOLF HOUSE

35 OKSAL YESILLIK

欧萨尔·耶西利克

《异想天开的卡梅隆——井字游戏》

Whimsical Caméléon Tic-Tac-Toe

2 5+ 45-60

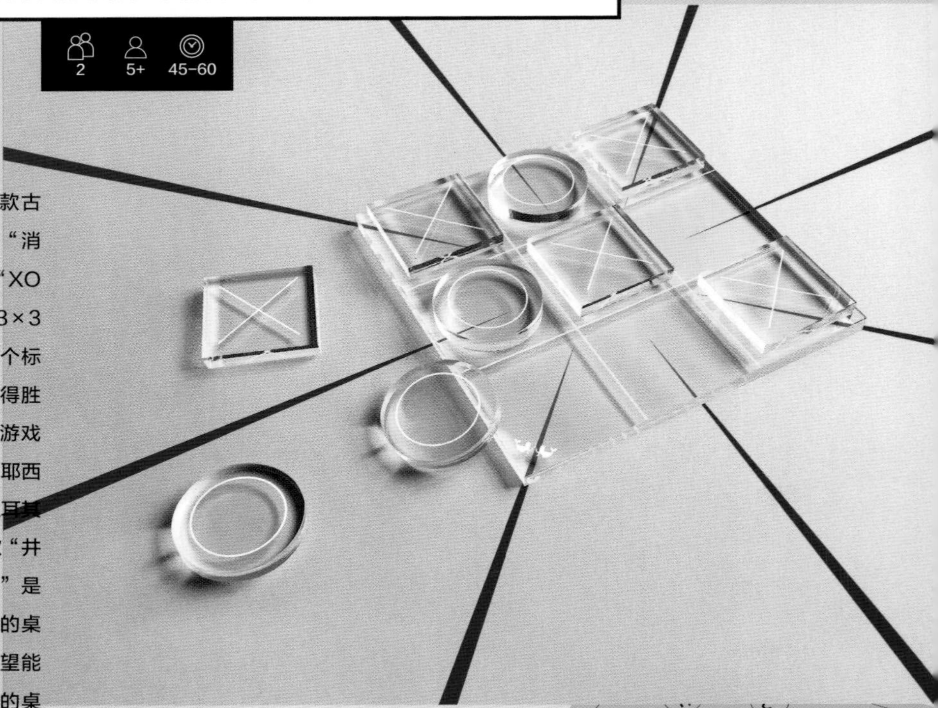

“井字游戏”（Tic-tac-toe）是一款古老而经典的纸笔游戏，在英国也称为“消除歧义”(Noughts and Crosss)或“XO游戏”。游戏玩法为两个玩家轮流在 3×3 网格中标记自己的位置，第一个将 3 个标记形成水平、垂直或对角线的玩家获得胜利。游戏看似很简单，但据统计，该游戏共有 365,800 种标记方法。欧萨尔·耶西利克（Oksal Yesillik）是一名来自土耳其的设计师兼插画师，他从小就非常喜欢“井字游戏”。在他看来，“井字游戏”是一个虽然玩法简单，但充满智慧内涵的桌游。在成为一名设计师后，他非常渴望能设计一款在“井字游戏”上有所创新的桌游，于是这款《异想天开的卡梅隆——井字游戏》（Whimsical Caméléon Tic-Tac-Toe）就诞生了。

“在我的设计构思里，我希望可以设计出高级质感的像艺术品一样的‘井字游戏’。于是，在 X 和 O 的材质上我选择了水晶带来表现充满光泽的现代感觉。在包装上面，我选择了浅灰色和明黄色两种反差鲜明的颜色。灰色套装为心形的 X，黄色套装为正方形 X，用激光在不同形状的零件上绘制 X 和 O 的标记。这两种形状各异的套装可以作为精美礼品赠予爱人，让其感受到独一无二的爱。这款游戏也在 2019 年年底获得了 GMK 自我促进奖。”欧萨尔表示，将喜爱的游戏设计成艺术品的形式，是对经典游戏最好的致敬。

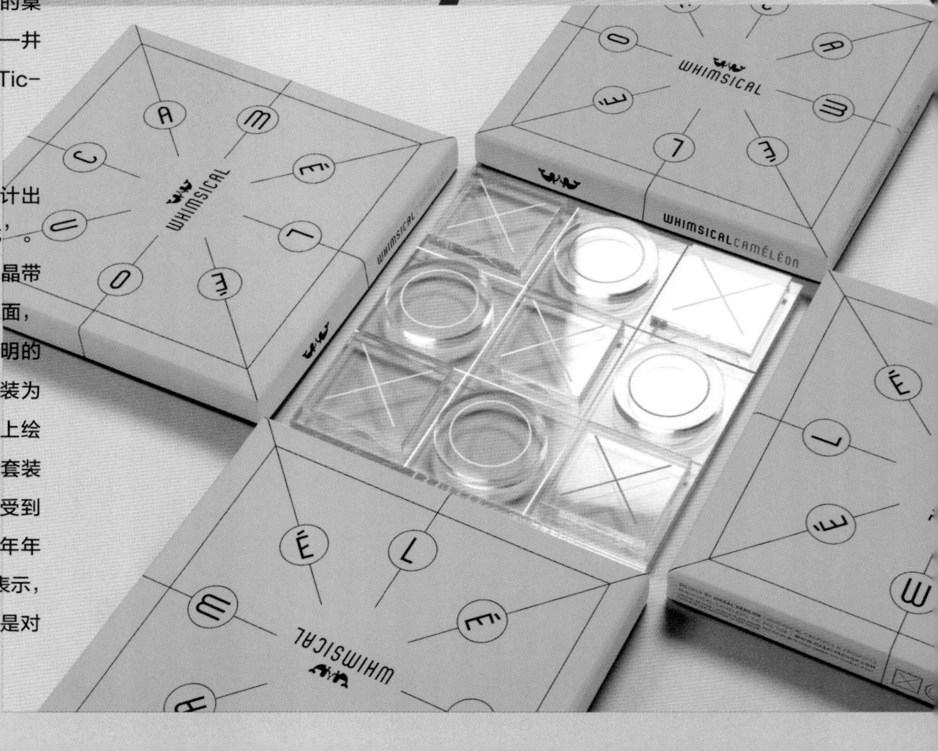

S & PRODUCTS
LYESILOK.COM
THIS PRODUCT IS NOT
SICAL GRAPHICS & PRODUCTS
| WWW.OKSALYESILOK.COM
VITH LASER-DRAWN. THIS PRODUCT IS NOT

WHIMSICAL
WHIMSICALCAMÉLÉON
WHIMSICAL

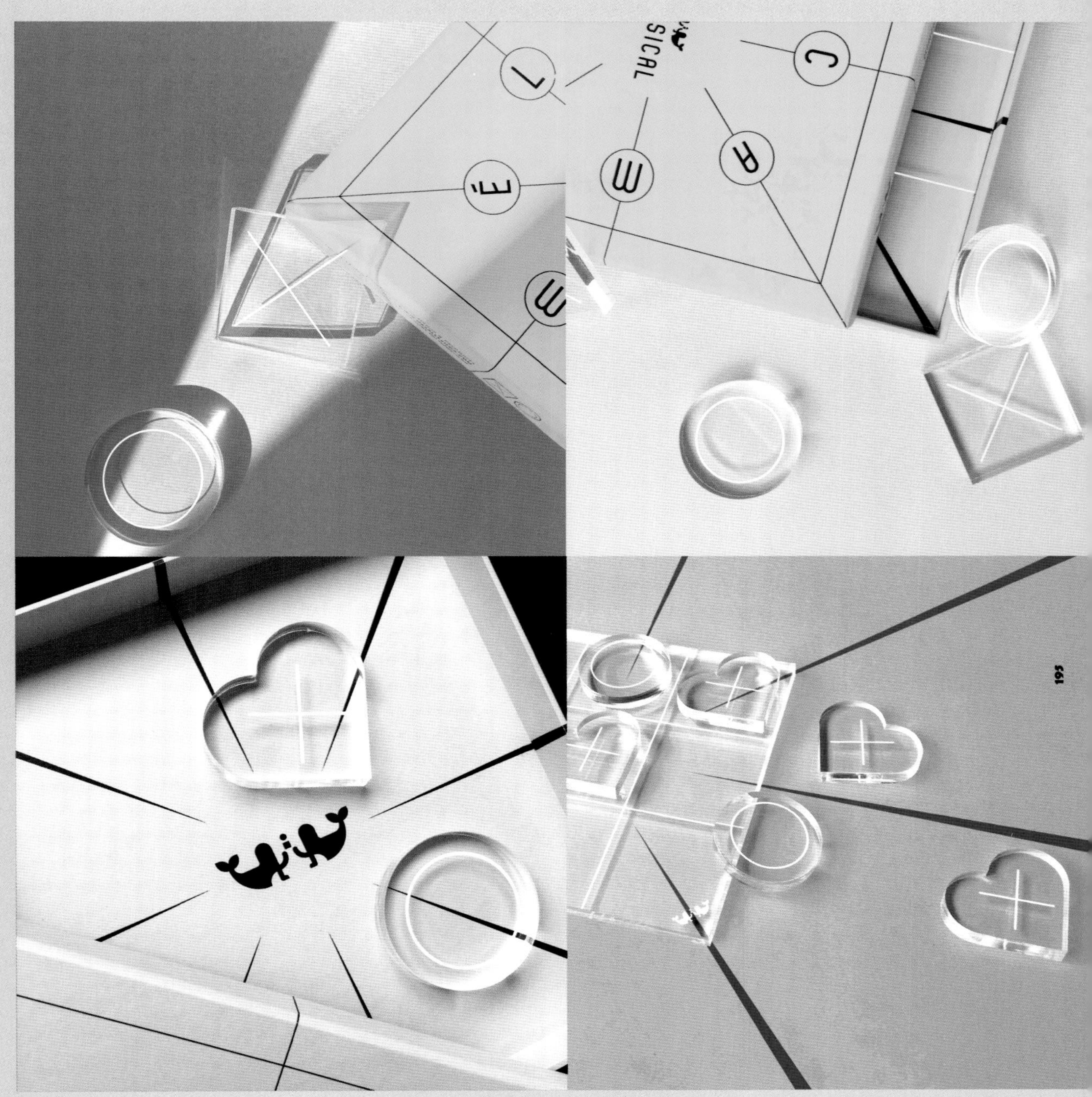

桌游当然可以作为礼品，甚至可以作为装饰品，但没有什么比改编一款经典而简单的抽象游戏更能接近这两种形态了。设计师用水晶材料、鲜明的配色以及有速度感的线条重新包装《井字游戏》，充满时尚气息，而你我都知道还有大量民间游戏拥有这样开发的空间。

DESIGN BY OKSAL YESILOK |
WHIMSICAL CAMÉLÉON TIC TAC
LIMITED EDITION | ACRYLIC GLASS BOARD AND
INTENDED FOR CHILDREN 12 AND UNDER.

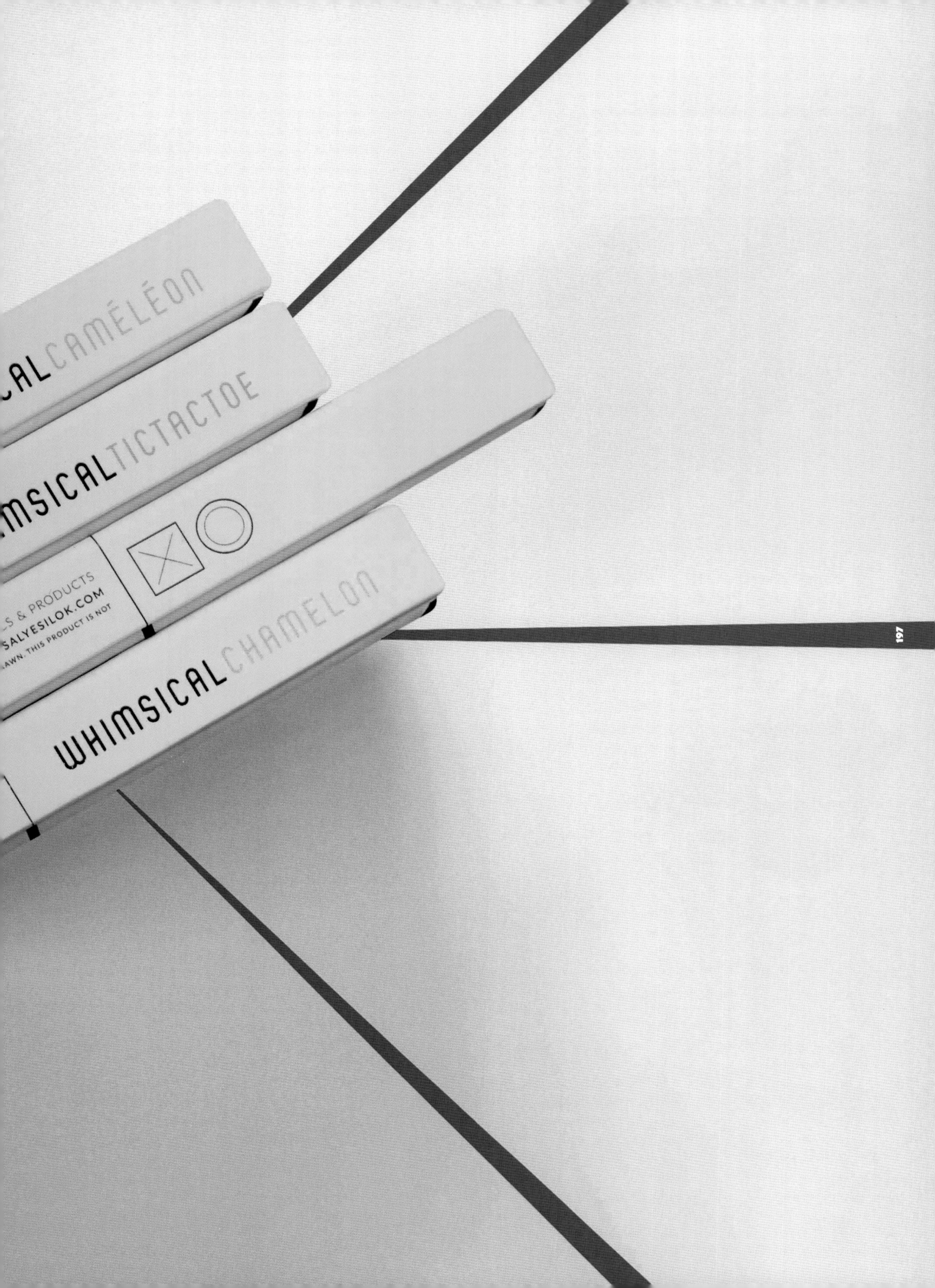
CAMÉLEON
TICTACTOE
& PRODUCTS
SALYESILOK.COM
THIS PRODUCT IS NOT
WHIMSICALCHAMELON

36 TIN LAI
天来

《杜维特》 *Duviet*

2+ 5+ ∞

越南文化是亚太地区最古老的文化之一。它的历史源远流长，并且，随着时代的发展，结合了中国、印度等文化而独具民族特色，而这种文化也影响了游戏。其中越南的三个传统游戏为：越南播棋（ÔĂn Quan）、越南跳担棋（CờGánh）和打陀螺（Đánh Quay）。越南播棋是一种类似于非洲宝石棋的游戏，越南跳担棋是越南传统象棋，打陀螺则是一种抽打陀螺的游戏。这三种游戏都曾给越南小孩带来很多美好的回忆。如今，一位年轻的设计师将这三种游戏结合为一个桌游，希望可以帮助越南人回归传统文化，并且还能让外国人更多地了解越南文化。

《杜维特》（Duviet）的游戏规则很简单（此处以打陀螺为例），棋子总数多的人获胜。游戏过程中，玩家必须想方设法吃掉对方的棋子。每人 8 枚棋子，移动过程中，棋子须沿线移动，每回合玩家可以选择一枚棋子进行二选一的行动。跳吃：将棋子走子：移动棋子。当棋子移动到敌方两子中间时，则吃掉该棋子。设计师天来（Tin Lai）说，“如今，越南的大多数产品都受到快时代的影响，而不过多关注产品的故事和美学。作为一个热爱亚洲文化，尤其是越南文化的年轻人，我认为从现在开始改变这一点是我的责任。”

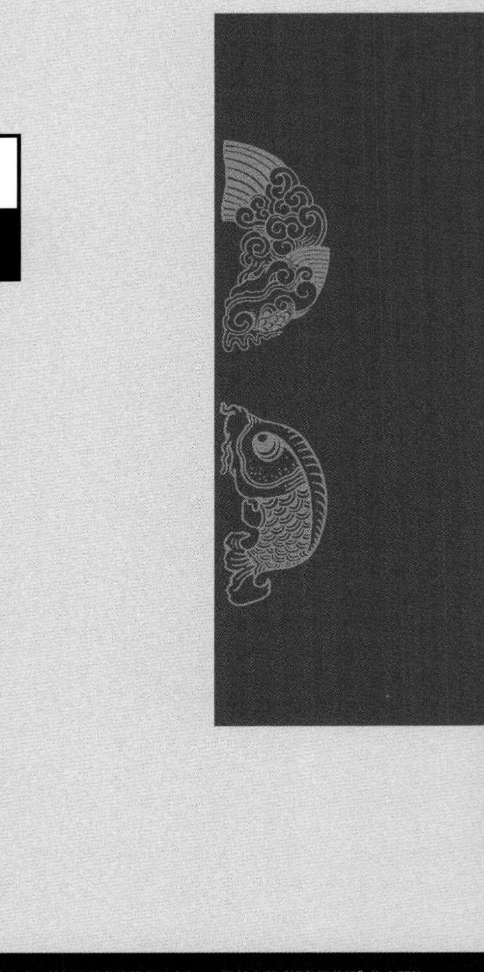

在东方文化中，绘画是著名的艺术形式之一。而其中以“鲤鱼跃龙门”为主题的绘画尤其被画家所青睐。“鲤鱼跃龙门”出自《埤雅 · 释鱼》：“俗说鱼跃龙门，过而为龙，唯鲤或然。”在越南，“想要获得成功，必须先付出巨大的努力”成了此类画作的意义。图为鲤鱼正要越过龙门，化身为龙。

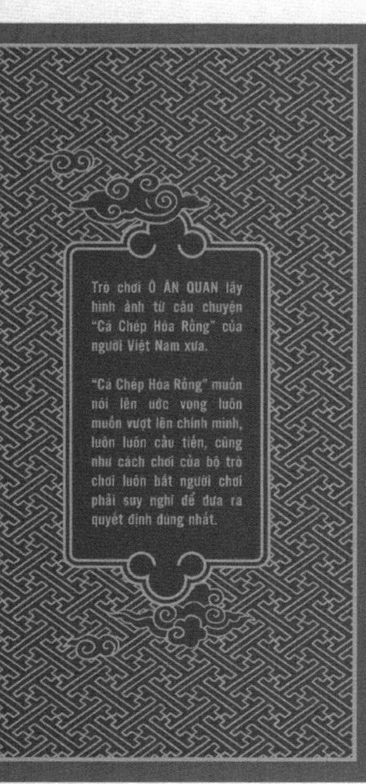

Trò chơi Ô ĂN QUAN lấy hình ảnh từ câu chuyện "Cá Chép Hóa Rồng" của người Việt Nam xưa.
"Cá Chép Hóa Rồng" muốn nói lên ước vọng luôn muốn vượt lên chính mình, luôn luôn cầu tiến, cũng như cách chơi của bộ trò chơi luôn bắt người chơi phải suy nghĩ để đưa ra quyết định đúng nhất.

RULES OF PLAY

左图为越南著名画家阮潘昌（Nguyen Phan Chanh）的丝绸画作越南播棋（ÔĂn Quan）。该作品已成为越南现代绘画的典范之一。在丝绸的画布上，作者描述了四个孩子分为两组进行越南播棋游戏。相反方向布局使图片看起来既生动又形象。画家具有细腻的观察力，巧妙地改变了阴影、清晰度和柔和度，使观众感受到角色的平衡性和灵活性。

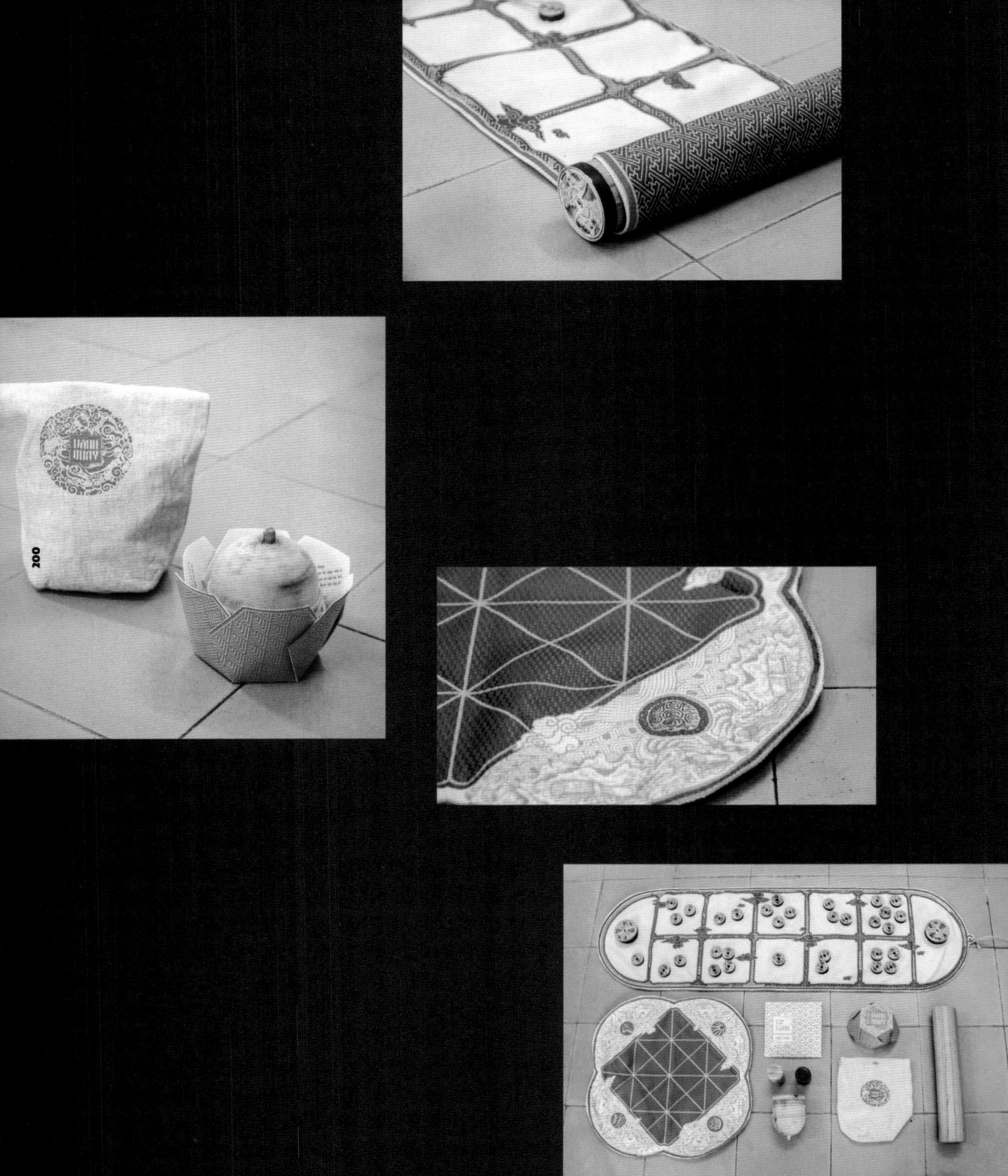

GAME
BOARD

RULES

FRONT

F PLAY

CÁCH CHƠI

Kỹ thuật chủ yếu của trò đánh quay gọi là bổ, cách thực hiện khá đơn giản, chỉ cần quấn chặt dây quay vào con quay bắt đầu từ điểm mấu quấn dây tiếp xúc với thân quay theo vòng rộng dần. Người chơi giữ chặt đầu dây còn lại (hoặc quấn vào ngón tay) để bổ con quay, nghĩa là lăng cho con quay văng ra và thường kết hợp với lực giật đầu dây đang giữ để con quay quay được nhiều vòng hơn.

CHƠI BIỂU DIỄN

Chơi biểu diễn (còn gọi là đồng triệt): những người tham gia theo hiệu lệnh cùng bổ con quay xuống mặt sân chơi, con quay của ai quay được lâu nhất thì coi là thắng cuộc, âm thanh phát ra từ những con quay nghe rất vui tai. Chơi biểu diễn còn có thể vẽ một vòng tròn trên mặt đất rồi cho con quay quay trong đó.

ĂN VỐ, TRẢ VỐ

Đây là thể thức thường dùng khi chỉ có hai người chơi, mỗi người sẽ lần lượt đặt hoặc cho con quay của mình quay để người còn lại bổ.

HẨM

Những người chơi cùng thực hiện bổ con quay, một hoặc nhiều người chơi (tùy thỏa thuận) có con quay dừng sớm nhất sẽ bị hẩm, nghĩa là phải để cho những người khác bổ con quay vào con quay của mình.

Thể thức này cũng có thể chia làm hai phe để chơi, hai bên cử một đại diện ra để xác định đội bị hẩm. Hẩm lại có hai thể thức chính là hẩm sống và hẩm chết.

Nếu HẨM SỐNG thì những người bị hẩm sẽ cho con quay của mình quay và những người được hẩm tìm cách bổ trúng.

Nếu HẨM CHẾT thì những người chơi sẽ vẽ một vòng tròn trên mặt sân chơi, những con quay bị hẩm được cho vào đó để người được hẩm bổ xuống.

BACK

Mykorrhiza
Svampar och växter
samarbetar.
Pollinering
Insekter hjälper många
växter att befruktas.
L·I·V
L·I·V
L·I·V

CHAPTER 6
第六章

这些奇怪的委托，由桌游来完成！

任何目的都可能成为设计一款桌游的动因，但是当你接到委托的时候可是丝毫没有准备的。与完成广告设计委托不同，当这些设计师接手这项“奇特”的委托时，就意味着他们即将创造自己的桌游处女作了！有趣的是，桌游的设计可以调用多样的素材以及更为立体的表现手段，同时，一个有趣的交互形式往往能让委托人格外满意，事半功倍。

CHAPTER 6

第六章

这些奇怪的委托，由桌游来完成！

任何目的都可能成为设计一款桌游的动因，但是当你接到委托的时候可是丝毫没有准备的。与完成广告设计委托不同，当这些设计师接手这项"奇特"的委托时，就意味着他们即将创造自己的桌游处女作了！有趣的是，桌游的设计可以调用多样的素材以及更为立体的表现手段，同时，一个有趣的交互形式往往能让委托人格外满意，事半功倍。

丹尼尔・托雷尔 /《森林物语》

戴雯婷 /《黄昏之冠》

亚历山德拉・杜兰德 帕特里齐亚・列维 安娜・洛佩兹・麦哲伦 /《风中的温蒂》

玛丽亚・米格尔・卡德罗 玛丽亚・卡洛斯・卡德罗 /《疯狂的阁楼》

马塞洛・比森利 /《烹饪大亨》

阿列克谢・科特 /《准备起飞》

梅根・伯德 /《我们的故事》

莫洛科创意社 /《狂热粉丝》

Rovdjur har stor påverkan
på balansen mellan
olika djur och växter.
·L·I·V·
Många frön sprids av djur
och gror på nya platser.
·L·I·V·

37 DANIEL THORELL
丹尼尔·托雷尔

《森林物语》Skogen

2-4 10+ 45-60

走进森林
——专访瑞典森林局顾问丹尼尔·托雷尔

你还记得自然科学知识吗？例如，蚯蚓和蒲公英是最接近北欧自然界的生物。或许在桌游《森林物语》（Skogen）中，你可以找到答案。在瑞典森林中，美丽的植物、令人新奇的动物和奇怪的蘑菇随处可见。但是，为了物种的繁衍生息，玩家需要创造一个合适的栖息地。这是生物学家丹尼尔·托雷尔（Daniel Thorell）最初的游戏构想。《森林物语》是他设计的第一个桌面游戏，受当地森林委员会委托，于2017年设计完成。丹尼尔·托雷尔是瑞典森林局的森林顾问，他也是波罗的海森林用水项目（WAMBAF）的项目经理，并经常带领当地（西约塔兰省）的师生参加户外运动，了解森林。

游戏《森林物语》是他在工作的业余时间设计完成的。据丹尼尔说，“我想找到一种新的方式，让人们能够了解到森林的物种多样性以及有些植物在森林中如此繁盛的原因。在研究森林的过程中，我逐渐意识到：关于动物和自然的书籍有成千上万种，但游戏却很少。当然有一些简单的记忆和纸牌类游戏，但鲜有有深度的游戏。因此，我想制作这样一款游戏，可以让大家深入了解森林生态及其物种多样性的知识，但又不影响游戏的趣味性。孩子可能会发现一本图画书很好，但是如果这本图画书上面也有文字可供阅读，那么该书就会变得有趣得多。森林也是如此。在森林里漫步，欣赏树木和绿色植物固然不错，但如果还能了解森林中的物种以及某些植物茂密丛生的原因，那么它将变得更加有趣。”

游戏《森林物语》的目的是创建最丰富的森林。为了获得游戏的成功，玩家必须通过合理的方式丰富森林，实现森林中的生物多样性。

游戏在2-4名玩家间进行，机制并不复杂。游戏版图是一片茂密的针叶林，周围是玩家的行进路径。游戏开始时，每个玩家有固定数量的手牌（玩家各自抽取），轮流放置生物卡片，填满整个森林。卡片分为物种图块（蓝莓、迷迭香等）和元素图块

（如落叶树、白垩土等），有的物种非常挑剔，如蓝莓只能生长在云杉林旁。例如，要想使您的森林中长出蓝莓（物种图块），前提是要有云杉林（元素图块）。在《森林物语》中，这意味着你必须将元素图块放入面板，然后才能在森林中长出蓝莓。

但是，就像真正的森林一样，《森林物语》的生态系统更复杂，物种之间也存在相互作用。丹尼尔通过游戏告诉玩家，如果你已经设法让一只乌鸦进入森林（前提是需要一颗死树），那么你将自动获得元素图块“钻孔”（因为产卵的乌鸦会在树上钻孔，在里面放一些食物。这些钻孔在被丢弃后可以被其他鸟类和哺乳动物使用）。因此，乌鸦为森林中的丰富物种提供了更好的条件，如果你的森林中既有巢穴又有鸟类，那么偷鸟者的概率也会增加。

在枯死的老树中，乌鸦新生儿茁壮成长，继而又为其他生物的成长奠定了基础。生命的轮回就此展现。不仅如此，森林与生物的食物链一样需要平衡。游戏中最令人大开眼界的是，玩家会走到绿色“摇灾难骰子”区域，这些骰子可能会引起风暴、森林大火或洪水，有些物种会因此消失，而有些物种会因此受益。通过这种方式，玩家可以轮流在森林中种满各种植物，同时也能更多地了解森林中动植物之间的联系。最后，获得最高分的人，也就是创造森林生物多样性最高的玩家获胜，这也是丹尼尔想要传达的。而据玩家埃里克·汉森（Erik Hansson）表示，当他的女儿在游戏之夜谈论起针叶林和蘑菇，并开始在学校进行生态系统评估时，他感到非常自豪。“我认为这个游戏真正地实现了它的意义。”

除了设计游戏和在森林日指导学生们外，丹尼尔还经营着一家小型公司，公司的目标是继续开发将游戏乐趣与科学知识相结合的社交游戏。丹尼尔说，“我喜欢玩棋盘游戏，这是一种有趣的休闲方式。我也希望能在更多国家和地区发行《森林物语》，并在未来几年开发新的游戏。”

《黄昏之冠》*The Crown of Twilight*

2-4 All 2h-4h

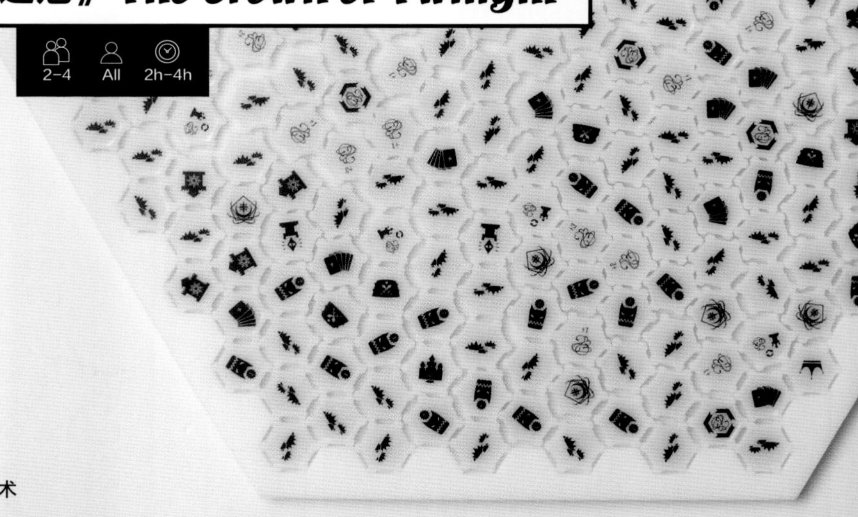

事实上，很多商业游戏往往用华丽的美术吸引着众多玩家的目光，但却并没有什么趣味性，也不会给你带来很好的游戏体验。玩家往往被“眼睛看到的东西”所迷惑。设计师戴雯婷（Wenting Dai）意识到，通过将视觉元素符号化，即弱化甚至消除过量的视觉信息，可以使玩家捕捉到的信息得到压缩与缩简，从而将注意力能够更加集中于游戏本身。于是《黄昏之冠》（The Crown of Twilight）应运而生了。

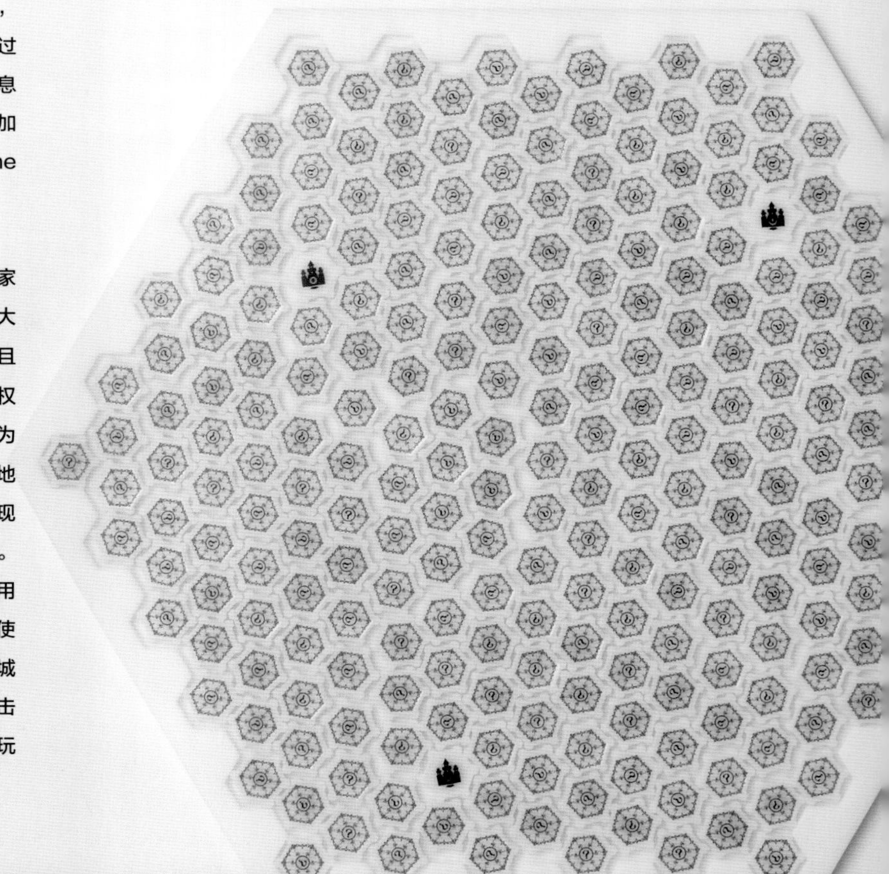

游戏采用边守卫自己的城堡边对其他玩家的城堡进行攻击的游戏方式。城堡的最大HP（Hit Point，生命值）为30点，并且可以为各个阵营提供各种各样的资源与权限。当城堡的HP下降到0点时则被视为败北。每回合，玩家的英雄通过在野外地图上移动来获取资源。野外地图中会出现各种各样的资源、设施与野生行动单位。玩家可利用游戏内的货币进行建筑、使用行动卡或者更换英雄等交易。玩家可以使用战斗单位卡片攻击其他阵营的英雄或城堡，但一回合之内只有一次攻击机会。击破其他玩家的城堡并成功存活到最后的玩家为获胜者。

帝国訓練営
HERO CARD
白日王城
英雄会
神秘門

巨竜の峡谷
HERO CARD
暗月の湖
大聖堂
月の眼

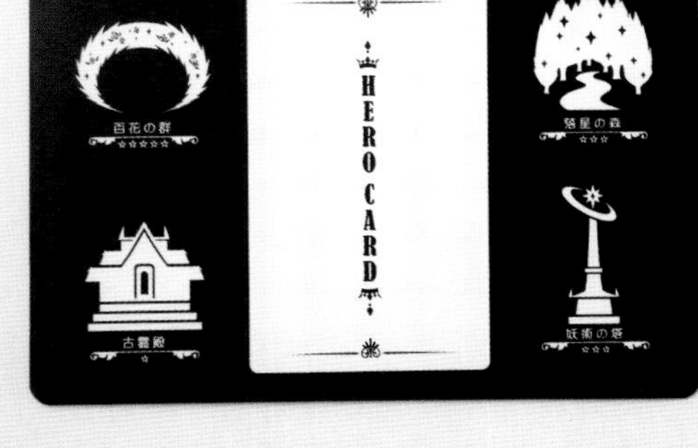
百花の群
HERO CARD
落星の森
古霊殿
妖術の塔

マシンラボラトリー
HERO CARD
コントロールルーム
ミサイルシステム

39 ALEXANDRA DURAND

亚历山德拉·杜兰德

PATRIZIA LEVI

帕特里齐亚·列维

ANA LÙCIA MAGALHAES

安娜·洛佩兹·麦哲伦

《风中的温蒂》*Wendy Im Wind*

当设计师们被没有灵感的苦恼所束缚时，她们应该如何突破自我？这三位设计师的答案是——漫步海边。

2014 年，秋天，德国北部，在魏玛包豪斯大学的一个项目交流中，三位来自不同国家的设计师相遇了，亚历山德拉·杜兰德（Alexandra Durand）来自康考迪亚大学，帕特里齐亚·列维（Patrizia Levi）来自博岑自由大学，安娜·洛佩兹·麦哲伦（AnaLù cia Magalhaes）是来自巴西的设计师。在经历过这次项目后，她们成了好友。

此次项目的负责人希望她们能够设计一款卡牌比较多的桌游，从而可以利用当地的印刷技术。为了寻找灵感，她们决定采用徒步旅行的方式探索当地岛屿。十一月的深秋寒冷无比，三位设计师正在海边漫步。突然，一阵大风呼啸而过，三个女孩相视大笑，风将她们的头发吹得凌乱了起来，而她们的灵感也随着风儿浮现——她们决定以自己被风吹起的样子为原型制作一款记忆类卡牌游戏。在绘制完卡牌图案后，她们来到当地的纸牌工厂，对人物进行切割、定型并用蓝色上墨。

《风中的温蒂》（Wendy Im Wind）由 12 副卡牌组成，目的是收集最多的配对。将卡牌洗混，图案朝下放在游戏版图上，每个玩家轮流翻两张牌，如图案相同，则保留；如图案不同，则翻回去并轮到下一个玩家。当所有卡片都面朝上时，游戏结束。安娜表示，“我们将心思花在了女孩的头发和围巾上，有些卡牌有明显不同，有些则是微妙地不同。”

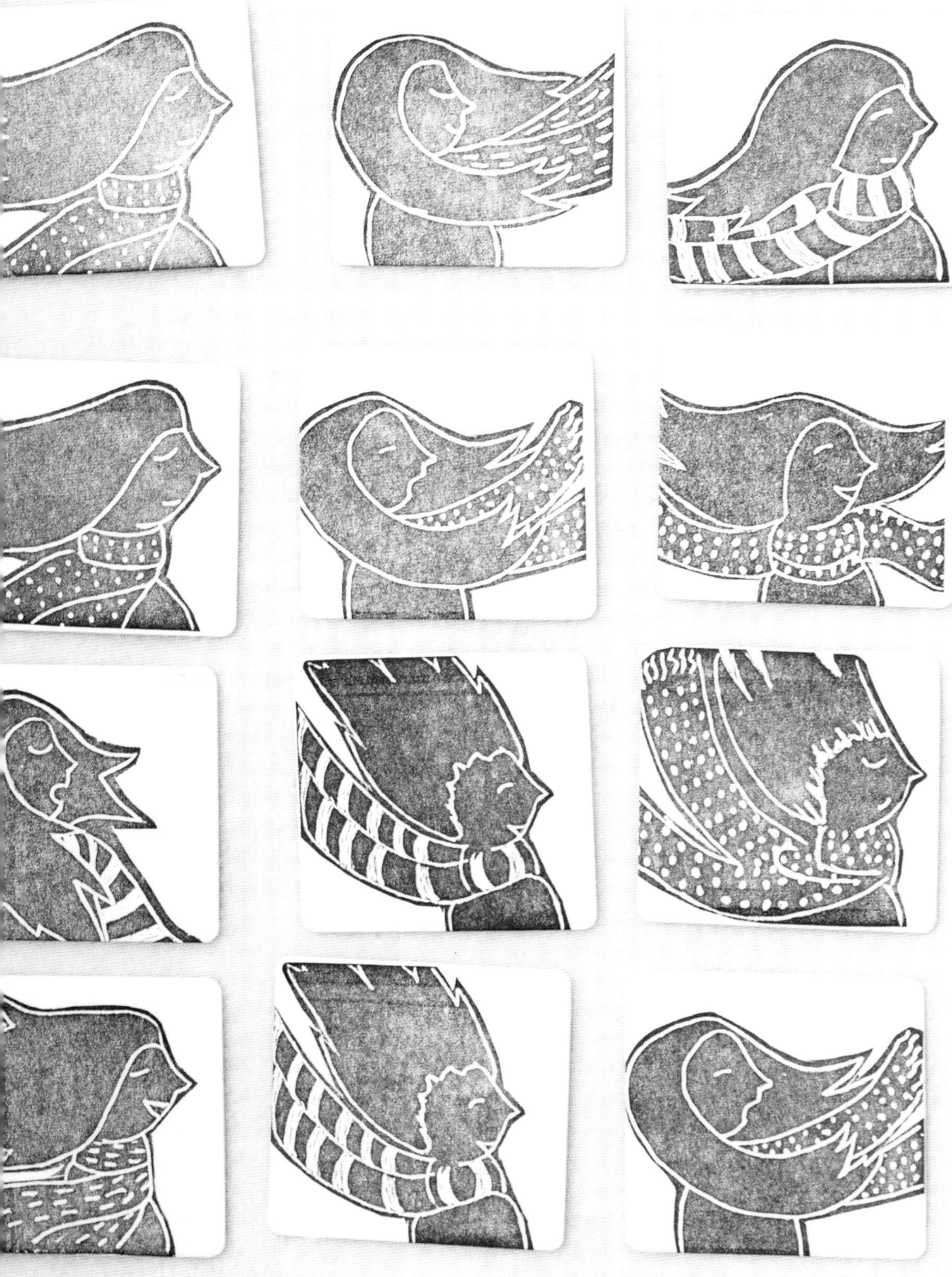

40 MARIA MIGUEL CARDEIRO

玛丽亚・米格尔・卡德罗

MARIA CARLOS CARDEIRO

玛丽亚・卡洛斯・卡德罗

《疯狂的阁楼》*Madness at the PentHouse*

2–6　28+　60

夫妻间的扶持、相濡以沫令人十分羡慕。而更令人羡慕的，是这对夫妻与设计师玛丽亚・米格尔・卡德罗（Maria Miguel Cardeiro）和玛丽亚・卡洛斯・卡德罗（Maria Carlos Cardeiro）的友谊。两位设计师为密友——一对结婚 12 年的夫妻专门制作了一款游戏名为《疯狂的阁楼》（Madness at the PentHouse）。游戏的背景设定为：刚刚度完蜜月的新婚夫妇劳拉和迪奥戈从墨西哥回来后，发现自己的房屋被魔法门打开，另一个宇宙的生物走了出来，挤满了他们的阁楼，并使家里的一切都变得更加疯狂。唯一的解决办法是穿过阁楼，进入客厅关闭大门，这样才能使魔法门消失。首先，玩家需选择角色：劳拉（妻子）、迪奥戈（丈夫）、玛丽或拉贾德（猫）或其中一个怪物。每位玩家轮流掷骰子，数字最高的人最先在“大厅”开始移动（游戏版图的视觉是从顶部看向房屋的），每位玩家移动相应格子。玩家会在游戏过程中抽到挑战牌或惊喜牌，最先到达客厅最后一个小方块的玩家获得胜利。

设计师米格尔谈到，“在游戏设计过程中，可能最难的就是用劳拉和迪奥戈的视觉来完成房屋内的效果填充，毕竟我们没有体验过他们的生活。但比较有意义的是，游戏设计出来后，游戏板上的每个生物和物品都有属于自己的故事。因此，只有他们最好的朋友才能玩这个游戏，比如我们。”

at
the
nture between 4 walls
2-6
players
+28

SURPRESA
DESAFIO
START
Laura e Diogo, 26 de Outubro de 2019

at the
adventure between 4 walls
2-6 players
+28 age
?
*
SURPRESA
Tens o poder de congelar! Proíbe a jogada de um jogador à tua escolha.
DESAFIO
ara uns glúteos
tridos, 15 squats
ás que fazer!
es o desafio ou este não for executado
recuas 10 casas. O sucesso é
pelos teus adversários.
at the
An adventure between 4 walls
2-6 players
+28 age
Laura e Diogo, 26 de Outubro de 2019
START

41 MARCELO BISSOLI

马塞洛·比索利

《烹饪大亨》 *The Cook-Off*

烹饪游戏一直以来都深受孩子和大人的喜爱。大家都喜欢在小时候幻想自己是餐厅老板或者是大厨，而《烹饪大亨》（The Cook-Off）就是一款可以满足你幻想的桌游。游戏的目标是成为最好的、最有创造力的厨师。所有玩家都有相同的行动卡牌，游戏进行 10 个回合，每回合可执行 3 个行动。玩家将 3 张卡牌牌面向下放置在台面上，根据客人的订单完成行动。游戏中，最重要的是结盟和密谋，而不是友好竞争。游戏的美术编辑谈到这款游戏时说，“当我被游戏设计师邀请来优化《烹饪大亨》这款游戏时，我被深深地吸引了。我清楚地明白这款游戏必须具有幽默性和讽刺感。游戏中，玩家所选择的角色必须是具有超凡魅力并且是独一无二的人物。其中，你可以看到，角色的衣着等细节很能代表他们来自的国家或地区。”游戏色调选择醒目的黄色，画风很像《僵尸新娘》，整体十分可爱。

The
COOK-OFF
FUNBOX
JOGOS
The
COOK-OFF

1
2
3

42 ALEXEY KOT
阿列克谢·科特

《准备起飞》 *Ready for Takeoff*

2–6　9+　30–60

复古风格一直是许多设计师钟爱的元素。当一款桌游与复古风格碰撞，会擦出什么样的火花?《准备起飞》(Ready for Takeoff)是一款航空类桌游，由一名飞行员和一位专业设计师合作设计。故事发生在20世纪60年代的肯尼迪机场，玩家的任务是管理6家航空公司中的一家，目标是让所有飞机在其他玩家之前顺利起飞，每个玩家都会抽到卡片，抽到正确的卡片才能将飞机移动至起飞位置。如果天气允许，你的飞机就可以起飞。天气在游戏刚开始时总是很好，但是随着游戏进行，难度会越来越大。你会遇到航班延迟、雨雪天气和大雾天气等。当然，你也可以用这些来阻碍其他玩家。

插画师阿列克谢·科特(Alexey Kot)是一名专注于海报、桌面游戏和封面插画的艺术家，他非常喜欢20世纪的广告和电影海报的风格，他的灵感来源于美国插画黄金时代的作品。在艺术学院期间，他创作了一系列电影复古海报。在这些作品发表几周后，《准备起飞》的作者(飞行员)联系到了他，于是他们有了这次合作。在飞行员看来，一场飞行并不是单纯地从A地到达B地，而是一场真正的冒险。

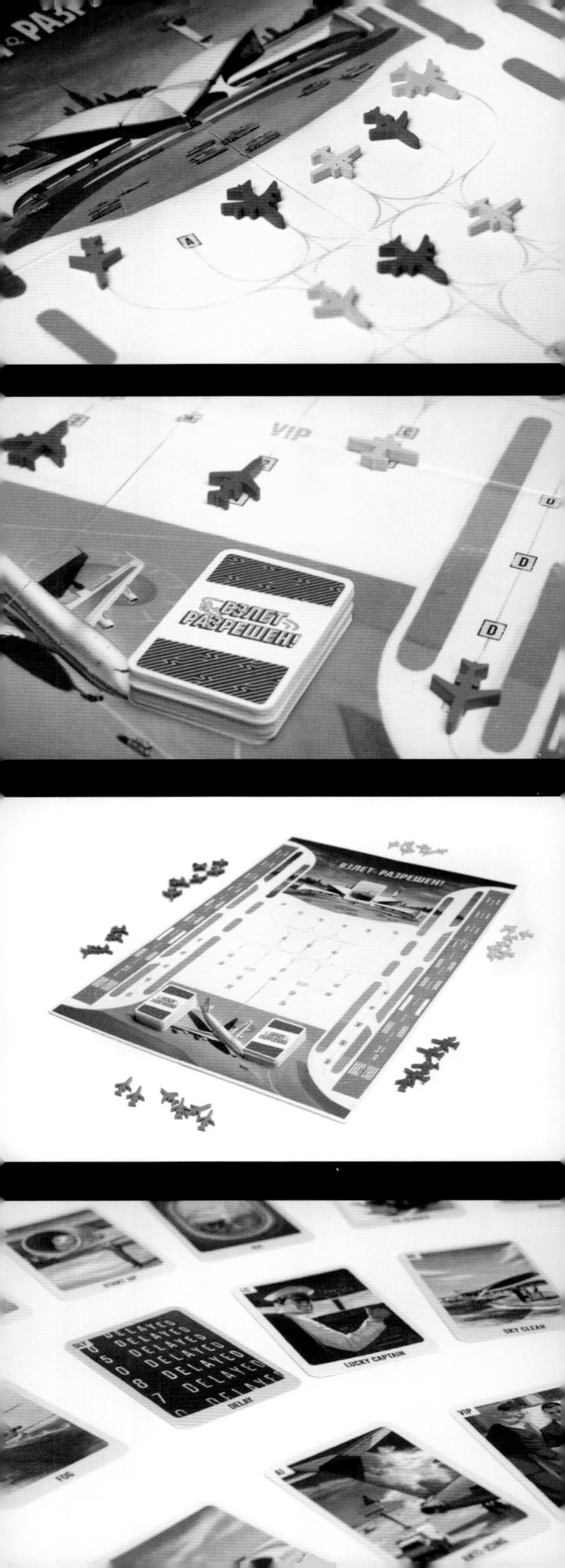

A
VIP
D
D
ВЗЛЕТ РАЗРЕШЕН!
ВЗЛЕТ: РАЗРЕШЕН!
LUCKY CAPTAIN
SKY CLEAR
DELAYED
DELAY
FOG
VIP

ВЗЛЕТ РАЗРЕШЕН!

31R
31R CLOSED
B
PUSH AND START
C
START UP
ICE
ICE
31L
31L CLOSED
A
BOARDING
XW
CROSSWIND
FG
FOG
DLY
DELAYED
DELAY
LC
LUCKY CAPTAIN
SC
SKY CLEAR
FLR
FAILURE
D
TAXI
AI
ANTI-ICING
VIP
V.I.P.
SN
SNOW

43 MEGAN BIRD

梅根 · 伯德

《我们的故事》 The Story of us

2017 年，设计师梅根 · 伯德（Megan Bird）收到了一份特殊的委托，朋友格鲁姆请求她为自己设计一款用来求婚的桌游。梅根欣然接受，并精心打造了一款专属于他们夫妇的桌游——《我们的故事》（The Story of us）。游戏专门为格鲁姆夫妇订制。格鲁姆扮演吟游诗人，他的妻子扮演冒险的女孩。游戏版图的每个区域都代表着夫妻俩的重要时刻，有欢乐的时光，也有艰难的旅途。但最终，他们的旅程会以一个浪漫的结局收尾。在游戏结束时，冒险家将会与蜘蛛国王战斗，挽救曾经被绑架的吟游诗人。当她站在山间巢穴时，见证了她一路上勇敢热诚的吟游诗人举起旁边的小山峰，只问了她一个问题，那就是——“你愿意嫁给我吗？”由于盒子材质的特殊性，游戏的包装不仅可以用来收纳游戏背板和配件，还可以挂在墙上作为一件艺术品用来观赏。梅根表示，游戏的设计初衷是希望唤起夫妻间幸福快乐的回忆，寻找生活中的彩蛋，重温更多的喜悦和爱。

THE
ARCADE
EMPIRE

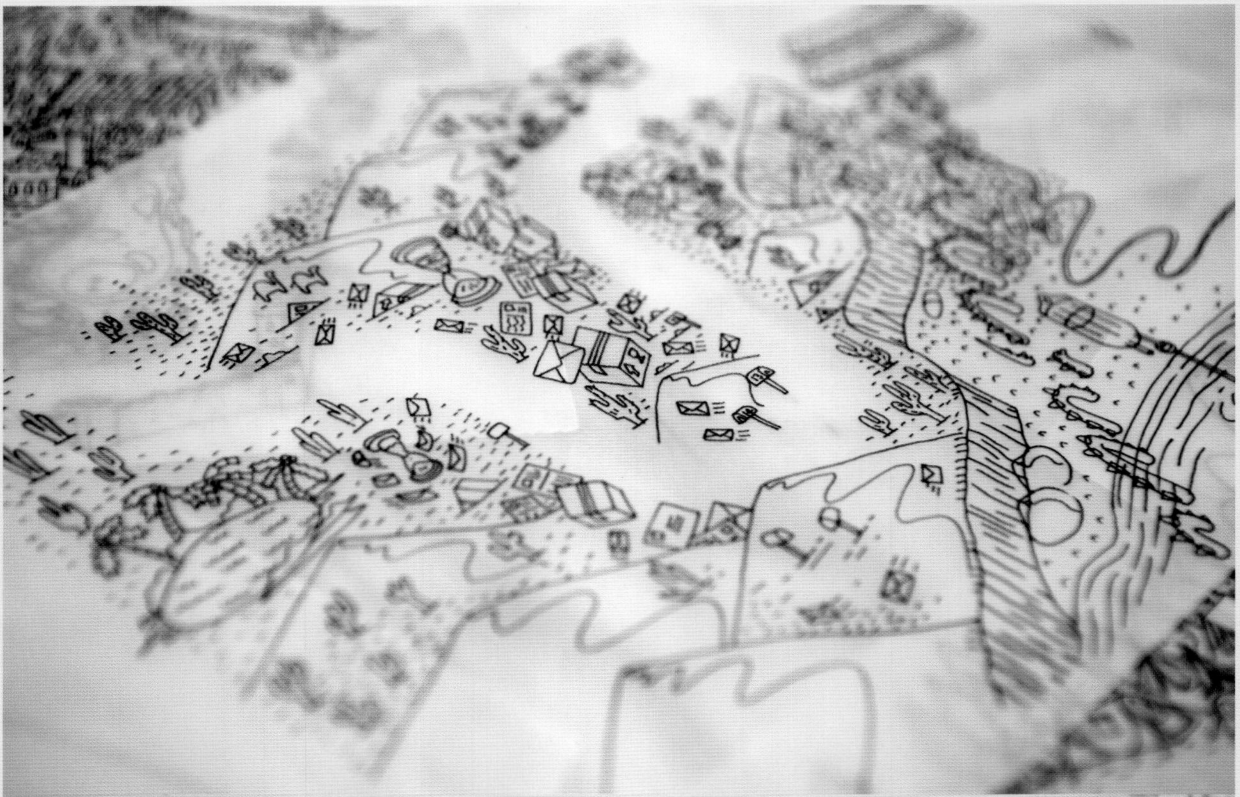

HE STORY OF
THE PAINTED MAN

44 MOLOKO CREATIVE AGENCY

莫洛科创意社

《狂热粉丝》 *Crazy Fan*

2–5 10+ 40–60

如果你是绿日乐队或林肯公园的狂热粉丝，那你一定会热爱这款游戏！莫洛科创意社（Moloko Creative Agency）接到委托为摇滚乐迷达丽娅 · 普特伊科制作一款关于音乐节的桌游礼物，于是《狂热粉丝》（Crazy Fan）就诞生了。

《狂热粉丝》是一个机制简单的聚会游戏，玩家可以在游戏中与朋友交流，开一些小玩笑等。即使在没有演唱会或你喜爱的乐队不举行演出的时候，这款游戏也会带你踏上音乐之旅。“我们充分延伸了游戏理念，并在 14 天内完成了设计，绘制了独一无二的插图。目前游戏是试玩版，在达丽娅生日那天将发布正式版。游戏中，你可能会被滂沱大雨淋湿、不小心把票丢了、吃了音乐节食物结果中毒了……但和朋友一起的奇葩行为一定是非常难忘的。”

游戏开始时，每人都会分到 4 张手牌和 1 张门票。其他牌分 3 副放在桌子上。一副是手牌（必须打出的牌），一副是工具卡，一副是奖品卡。从去过音乐节次数最多的人开始，轮流抽牌出牌，如果玩家抽到一张“节日”牌，必须立刻打出，而只有有票的玩家才能去音乐节（打出工具卡可以获得门票）。当奖品卡被拿完时，游戏结束，获得奖品卡最多的玩家获胜。设计师艾利奥娜表示，“我们喜欢仔细推敲细节，尤其是在设计这款游戏的时候，你可以在卡片中找一些关于音乐节的小彩蛋，我相信，和朋友一起玩这个游戏一定会非常难忘。”

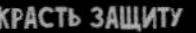

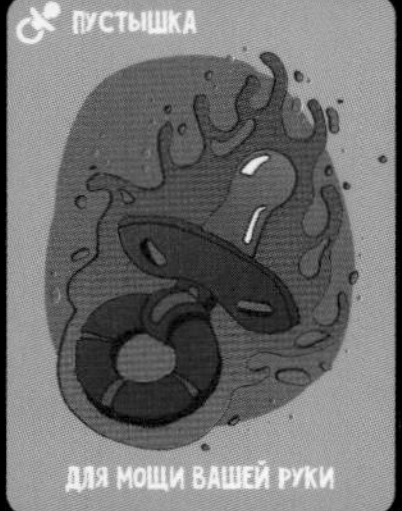

СИТУАЦИЯ
ВСЁ ПРОШЛО СПОКОЙНО.
ИГРОК, У КОТОРОГО БОЛЬШЕ ВСЕГО КАРТ, ПОЛУЧАЕТ ТРОФЕЙ.

СИТУАЦИЯ
ФЕСТИВАЛЬ ПРОХОДИЛ ВОЗЛЕ РЕКИ. ПОШЁЛ СИЛЬНЕЙШИЙ ДОЖДЬ, И МНОГИХ СМЫЛО ТЕЧЕНИЕМ. НО ТОЛЬКО НЕ ТЕХ, У КОГО ЕСТЬ «ЗАЩИТА ОТ ДОЖДЯ».

СИТУАЦИЯ
ТРОФЕЙ НЕ ПОЛУЧАЕТ НИКТО.
ЕСЛИ У ВАС ЕСТЬ БИЛЕТ, МОЖЕТЕ ИСПЫТАТЬ УДАЧУ И ПОЕХАТЬ НА ДОПОЛНИТЕЛЬНЫЙ КОНЦЕРТ. НО НЕ ЗАБУДЬТЕ ВЫТЯНУТЬ ЕЩЁ ОДНУ СИТУАЦИЮ.

СИТУАЦИЯ
ПЕРЕД ФЕСТИВАЛЕМ ВЫ ЗНАТНО НАПИЛИСЬ. ЧТОБЫ ПРИЙТИ В СЕБЯ, НУЖНО СКИНУТЬ В КОЛОДУ ДВЕ ОДИНАКОВЫЕ КАРТЫ. ЕСЛИ ВЫ ЭТО СДЕЛАЕТЕ, МОЖЕТЕ ЗАБИРАТЬ ТРОФЕЙ.

СИТУАЦИЯ
ПРИГЛАШЕНИЕ НА АВТОГРАФ-СЕССИЮ ТОЛЬКО ДЛЯ ТЕХ, У КОГО НА РУКАХ БОЛЕЕ ПЯТИ КАРТ. ЕСЛИ ВЫ ПОПАЛИ ТУДА, ПОЛУЧАЕТЕ ТРОФЕЙ.

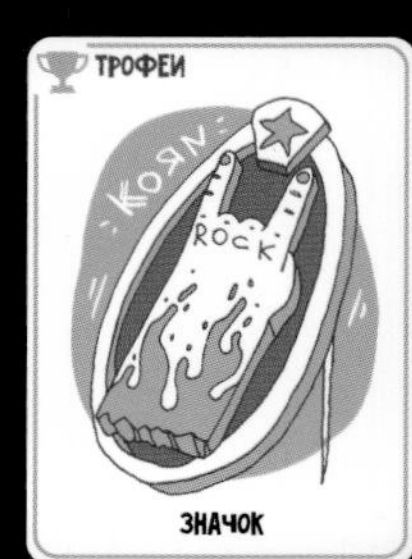

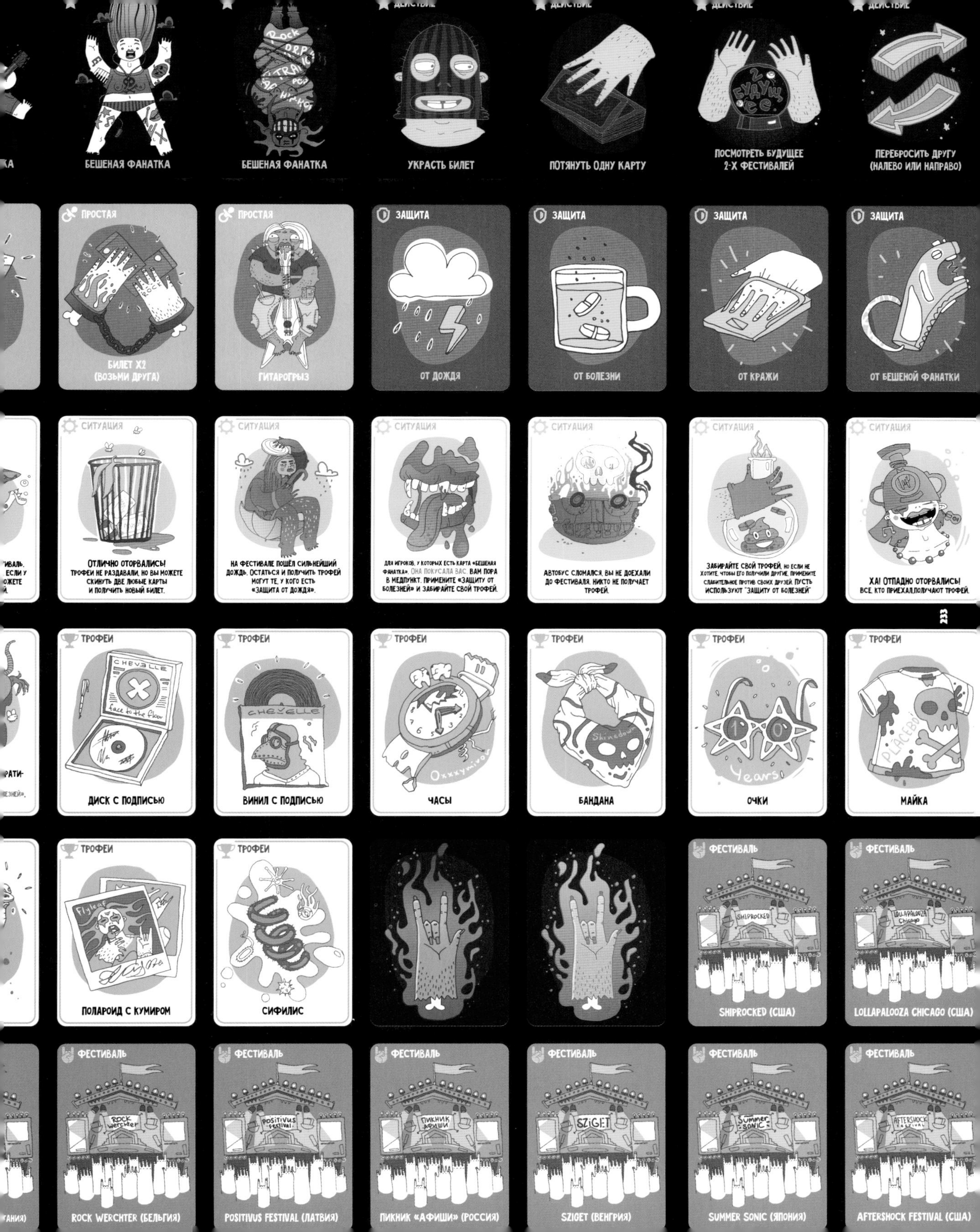

БЕШЕНАЯ ФАНАТКА
БЕШЕНАЯ ФАНАТКА
ДЕЙСТВИЕ
УКРАСТЬ БИЛЕТ
ДЕЙСТВИЕ
ПОТЯНУТЬ ОДНУ КАРТУ
ДЕЙСТВИЕ
ПОСМОТРЕТЬ БУДУЩЕЕ 2-Х ФЕСТИВАЛЕЙ
ДЕЙСТВИЕ
ПЕРЕБРОСИТЬ ДРУГУ (НАЛЕВО ИЛИ НАПРАВО)
ПРОСТАЯ
БИЛЕТ X2 (ВОЗЬМИ ДРУГА)
ПРОСТАЯ
ГИТАРОГРЫЗ
ЗАЩИТА
ОТ ДОЖДЯ
ЗАЩИТА
ОТ БОЛЕЗНИ
ЗАЩИТА
ОТ КРАЖИ
ЗАЩИТА
ОТ БЕШЕНОЙ ФАНАТКИ
СИТУАЦИЯ
ОТЛИЧНО ОТОРВАЛИСЬ! ТРОФЕИ НЕ РАЗДАВАЛИ, НО ВЫ МОЖЕТЕ СКИНУТЬ ДВЕ ЛЮБЫЕ КАРТЫ И ПОЛУЧИТЬ НОВЫЙ БИЛЕТ.
СИТУАЦИЯ
НА ФЕСТИВАЛЕ ПОШЁЛ СИЛЬНЕЙШИЙ ДОЖДЬ. ОСТАТЬСЯ И ПОЛУЧИТЬ ТРОФЕЙ МОГУТ ТЕ, У КОГО ЕСТЬ «ЗАЩИТА ОТ ДОЖДЯ».
СИТУАЦИЯ
ДЛЯ ИГРОКОВ, У КОТОРЫХ ЕСТЬ КАРТА «БЕШЕНАЯ ФАНАТКА». ОНА ПОКУСАЛА ВАС. ВАМ ПОРА В МЕДПУНКТ. ПРИМЕНИТЕ «ЗАЩИТУ ОТ БОЛЕЗНЕЙ» И ЗАБИРАЙТЕ СВОЙ ТРОФЕЙ.
СИТУАЦИЯ
АВТОБУС СЛОМАЛСЯ, ВЫ НЕ ДОЕХАЛИ ДО ФЕСТИВАЛЯ. НИКТО НЕ ПОЛУЧАЕТ ТРОФЕЙ.
СИТУАЦИЯ
ЗАБИРАЙТЕ СВОЙ ТРОФЕЙ, НО ЕСЛИ НЕ ХОТИТЕ, ЧТОБЫ ЕГО ПОЛУЧИЛИ ДРУГИЕ, ПРИМЕНИТЕ СЛАБИТЕЛЬНОЕ ПРОТИВ СВОИХ ДРУЗЕЙ. ПУСТЬ ИСПОЛЬЗУЮТ "ЗАЩИТУ ОТ БОЛЕЗНЕЙ"
СИТУАЦИЯ
ХА! ОТПАДНО ОТОРВАЛИСЬ! ВСЕ, КТО ПРИЕХАЛ,ПОЛУЧАЮТ ТРОФЕЙ.
ТРОФЕИ
ДИСК С ПОДПИСЬЮ
ТРОФЕИ
ВИНИЛ С ПОДПИСЬЮ
ТРОФЕИ
ЧАСЫ
ТРОФЕИ
БАНДАНА
ТРОФЕИ
ОЧКИ
ТРОФЕИ
МАЙКА
ТРОФЕИ
ПОЛАРОИД С КУМИРОМ
ТРОФЕИ
СИФИЛИС
ФЕСТИВАЛЬ
SHIPROCKED (США)
ФЕСТИВАЛЬ
LOLLAPALOOZA CHICAGO (США)
ФЕСТИВАЛЬ
ROCK WERCHTER (БЕЛЬГИЯ)
ФЕСТИВАЛЬ
POSITIVUS FESTIVAL (ЛАТВИЯ)
ФЕСТИВАЛЬ
ПИКНИК «АФИШИ» (РОССИЯ)
ФЕСТИВАЛЬ
SZIGET (ВЕНГРИЯ)
ФЕСТИВАЛЬ
SUMMER SONIC (ЯПОНИЯ)
ФЕСТИВАЛЬ
AFTERSHOCK FESTIVAL (США)

ПРАВИЛА ИГРЫ
3-5 человек
2.
НАЧАЛО ИГРЫ
4.
ЗАВЕРШЕНИЕ ИГРЫ
COACHELLA (США)
СИТУАЦИЯ
НА ФЕСТИВАЛЕ БЫЛА ОТВРАТИТЕЛЬНАЯ ЕДА.
ДЕЙСТВИЕ
ПОДКИНУТЬ СЛАБИТЕЛЬНОЕ
ТРОФЕИ
ОЧКИ
БИЛЕТ
ГИТАРОГРЫЗ
ДЕЙСТВИЕ
ПОТЯНУТЬ ОДНУ КАРТУ
ТРОФЕИ
ПОЛАРОИД С КУМИРОМ
ЗАЩИТА
ОТ БЕШЕНОЙ ФАНАТКИ
ТРОФЕИ

ПОСМОТРЕТЬ БУДУЩЕЕ
2-Х ФЕСТИВАЛЕЙ

С…

ПЕРЕД Ф…
ЧТОБЫ ПР…
В КОЛОДУ…
ВЫ ЭТО С…

ДЛЯ ИГРОКОВ, У КОТОРЫХ ЕСТЬ КАРТА «БЕШЕНАЯ ФАНАТКА». ОНА ПОКУСАЛА ВАС. ВАМ ПОРА В МЕДПУНКТ. ПРИМЕНИТЕ «ЗАЩИТУ ОТ БОЛЕЗНЕЙ» И ЗАБИРАЙТЕ СВОЙ ТРОФЕЙ.

ПУСТЫШКА

ДЛЯ МОЩИ ВАШЕЙ РУКИ

ДЕЙСТВИЕ

ДЕЙСТВИЕ

ПОДКИНУТЬ СЛАБИТЕЛЬНОЕ

БЕШЕНАЯ ФАНАТКА

动手提示！摇滚迷音乐节出行必备！
将贴纸揭下来贴在汽车或者行李箱
上，一路上一定不会错过同道中人！

ДЛЯ
ФАНАТКА
В МЕДПУНК
БОЛЕЗНЕЙ» И З
ТРОФЕЙ НЕ ПОЛУЧА
ЕСЛИ У ВАС ЕСТЬ БИЛЕТ, МОЖЕ
УДАЧУ И ПОЕХАТЬ НА ДОПОЛНИТЕЛ
НО НЕ ЗАБУДЬТЕ ВЫТЯНУТЬ ЕЩЁ ОД
НА ФЕСТИВА
ТЕ, У КОГО
ОТВРАТИ-
СИТУАЦИЯ
ШЕНИЕ НА АВТО
ЬКО ДЛЯ ТЕХ, У КОГО
ЕЕ ПЯТИ КАРТ. ЕСЛИ ВЫ
ТУДА, ПОЛУЧАЕТЕ ТРОФ
ЗАБИРАЙТЕ СВОЙ ТРОФЕЙ
ХОТИТЕ, ЧТОБЫ ЕГО ПОЛУЧИЛИ ДРУГ
СЛАБИТЕЛЬНОЕ ПРОТИВ СВОИХ ДР
ИСПОЛЬЗУЮТ "ЗАЩИТУ ОТ
ЗНАЧОК
ТРОФЕЙ НЕ ПОЛУЧАЕТ НИК
ЕСЛИ У ВАС ЕСТЬ БИЛЕТ, МОЖЕ
УДАЧУ И ПОЕХАТЬ НА ДОПО
НО НЕ ЗАБУДЬТЕ
ОРВАЛИСЬ!
ЮТ ТРОФЕЙ.

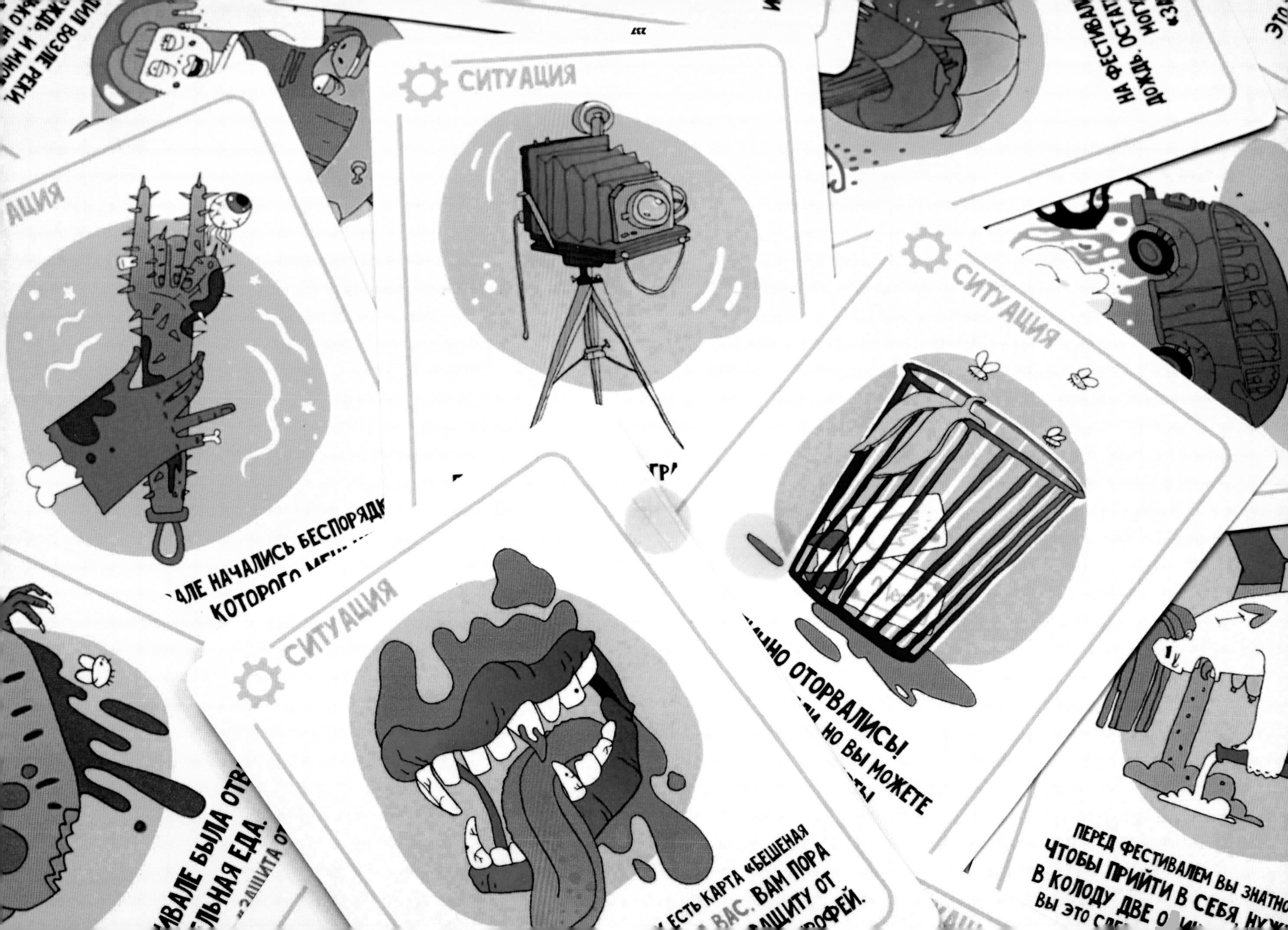
СИТУАЦИЯ
СИТУАЦИЯ
СИТУАЦИЯ
СИТУАЦИЯ

全部都系咯哥角阁纪念小学

Everyone Is Primary Gok[4] Gok[1] Gok[3] Gok[3]

学生手册

姓 名________________________

级 别________________________

日 期__________年 度__________学 期

动手提示！这是一本学生手册，你可以尝试用左手在上面写一些不想为别人所知的小事，被别人看到了也不会怀疑是你的心思。

CHAPTER 7
第七章

每个人都能发明一点好玩的事情！

是不是每个人都可以设计桌游？在这本书的最后一章，我希望可以给各位读者一个肯定的信号。桌游无非是一个玩法，不应受困于道具或者表现形式，公元前5000 年人们就会用骰子玩游戏，而哪怕不依赖任何道具，人们还是发明了简单的剪刀石头布。这本书其实就是希望读者通过翻阅获得灵感，并告诉各位，当你有了一个好玩的想法，抓住这个灵感，去将它实现吧。

玩是人类的天性，你一定也拥有美丽而有趣的灵魂。

跳制工作室（侃侃、凯西、刘易斯、伊冯）/《至威小学鸡》
卡玛 · 艾尔斯顿 /《好卡玛 / 坏卡玛》
弗里达 · 克莱赫奇 /《疯狂马戏团》
安德鲁 · 福斯布 /《高概念》
丹妮拉 · 盖伊 /《CMYK》
达莎 · 科拉波娃 /《如何抓住一只猫》
加里 · 派特雷 托马斯 · 菲利皮 /《风之精灵》
波尔尼 /《特瑞塔》
朱莉娅 · 波托尼克 维雷纳 · 奥伯迈尔 桑德拉 · 帕利尔 /《普莱诺》
拉米 · 哈姆穆德 /《与字同乐》

CHAPTER 7

第七章

每个人都能发明一点好玩的事情！

是不是每个人都可以设计桌游？在这本书的最后一章，我希望可以给各位读者一个肯定的信号。桌游无非是一个玩法，不应受困于道具或者表现形式，公元前5000年人们就会用骰子玩游戏，而哪怕不依赖任何道具，人们还是发明了简单的剪刀石头布。这本书其实就是希望读者通过翻阅获得灵感，并告诉各位，当你有了一个好玩的想法，抓住这个灵感，去将它实现吧。

玩是人类的天性，你一定也拥有美丽而有趣的灵魂。

跳刺工作室（侃侃、凯西、刘易斯、伊冯）/《歪城小学鸡》

卡玛·艾尔斯顿/《好卡玛/坏卡玛》

弗里达·克莱赫奇/《疯狂马戏团》

安德鲁·福斯布/《高概念》

丹妮拉·盖伊/《CMYK》

达莎·科拉波娃/《如何抓住一只猫》

加里·派特雷 托马斯·菲利皮/《风之精灵》

波尔尼/《特瑞塔》

朱莉娅·波托尼克 维雷纳·奥伯迈尔 桑德拉·帕利尔/《普莱诺》

拉米·哈姆德/《与宇同乐》

學 藉 登 記 表

2016 – 2017 年 度

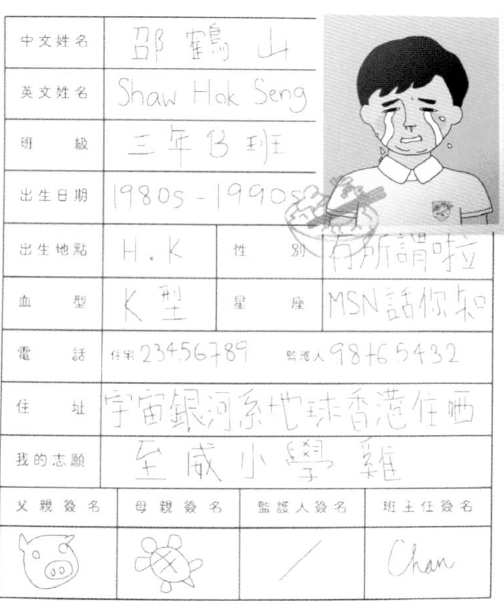

中文姓名	邵鶴山		
英文姓名	Shaw Hok Seng		
班　　級	三年B班		
出生日期	1980s – 1990s		
出生地點	H.K	性　　別	冇所謂啦
血　　型	K型	星　　座	MSN話你知
電　　話	住宅 23456789	監護人 98765432	
住　　址	宇宙銀河系地球香港住晒		
我的志願	至威小學雞		

父親簽名	母親簽名	監護人簽名	班主任簽名
		/	Chan

-1-

本冊概要

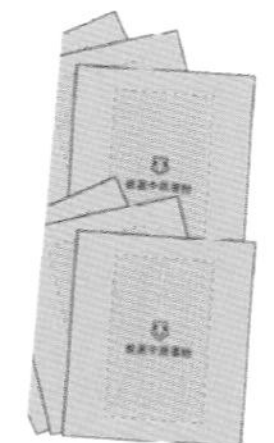

「魔法少女」及
空位，每個空位

45 CMD TAB STUDIO

跳制工作室（侃侃、凯西、刘易斯、伊冯）

《至威小学鸡》*Everyone is Primary Chicke*

戏说小学生活
——对话中国台湾设计师侃侃等人

“同学们，新学年又开始喽！你是小学三年B 班的一名学生，而你的梦想是做一名最受欢迎的小学生。要成为至威小学生，必须得到老师的认可和同学的爱戴，赶快行动吧！”

2016 年，当正在读大学的侃侃和朋友们谈论小学时有趣的点点滴滴时，她忽然意识到，既然大家的童年经历都这么有趣，那为何不设计一款桌游让大家一起玩呢？于是，侃侃和她的三位朋友开始着手设计这款游戏，《至威小学鸡》应运而生。

“小学承载了我们大部分的童年，每天与朋友想着怎么才能用书包中有限的‘资源’为沉闷的学习生活添加一些乐趣。如今，我们已经成为能够独当一面的大人，但我们也希望大家能在繁忙的生活中偶然停下步伐，一起回味那个纯真的自己。”

《至威小学鸡》是一款以校园生活为主题的桌游，游戏围绕着 90 年代小学生的日常生活进行，玩家通过收集各种物品、换取奖励贴纸和至潮闪卡来赢得游戏，因此卡牌上重现了不少经典文具、玩具和零食等。玩具和零食是违禁品，小心不要被班主任没收哦！

游戏物品

1. 游戏盒：所有游戏配件都藏在这里。
2. 学生手册（附有游戏说明）。
3. 书台：分别有“被选中的书台”“门口位”“魔法少女”及“班花隔离位”4 款。每位玩家选择一款。
4. 卡牌：共 160 张，分为“物品卡”“攻击卡”“反弹卡”和“金手指”。每类卡片都有不同的作用，游戏过程中会得到相应体现。
5. 霸位板：霸占其他玩家台面时的记号。

游戏规则

玩家顺时针轮流进行，由获得“被选中的书台”的玩家先开始。玩家每回合可抽取 2 张牌，最多进行 3 次行动。

英文書
WELCOME TO ENGLISH
文具 + 書本 + 白紙 = 獎勵貼紙

強搶對方枱上一件物品

閘住
反彈
被行動卡指定時，
可用作反彈及反彈對方的反彈

所有過界物品歸對方所有

每回合玩家可选择进行以下行动，如放置“物品卡”、使用“攻击卡”、使用“金手指”、组合物品兑换“奖励贴纸”、组合物品兑换“至潮闪卡”、打扫“垃圾”等。

胜利条件：“奖励贴纸”和“至潮闪卡”分别计算为 1 个游戏点数，最快收集到 5 个游戏点数者胜出。

兑换条件

奖励贴纸 ＝ 书本 + 空簿 + 文具

至潮闪卡 ＝ 零食 + 玩具 / 零食 + 零食 / 玩具 + 玩具

在游戏的构思和实践过程中，四位大学生都有源源不绝的有趣点子。其中有遗憾，也有惊喜。侃侃表示，最困难的部分是为了游戏平衡性而舍弃的创意。例如一些学生经典经历，考试作弊、弹橡皮擦比赛、集体提早回校抄功课等。而在为游戏进行实测时，团队邀请了年纪相近的人参与。“我们曾担心游戏只是根据我们小学的童年回忆设计的，难以引起共鸣。但令人惊喜的是，参与者对大部分玩法规则都了然于胸，一边玩一边聊着往日的种种回忆，即使大家出身不同学校、有着不一样的经历。这令我们再次深深地感受到这款游戏不只是代表着我们创作团队的童年，也是属于我们时代的共通语言。”

而如今，侃侃和朋友们也成立了自己的工作室，告别了学生时代，努力在迷幻彩虹中寻找人生使命。“2018 年，我们成立了跳制工作室。Cmd Tab 取自键盘上的快捷键，作用为‘跳转’至其他应用程序，是设计师常用的快捷键之一。‘跳到’亦指我们在构想设计时，需要在脑中不断按 Cmd Tab 的情况，借此找出最简单又合适的解决方案。虽然我们如今已经步入社会，但我们会继续用不同方式将当时的热情与童真展现给大家，努力成为在社会中勇往直前的‘至威小学鸡’。”

魔法少女
班花隔離位
門口位
被選中既書枱
違例玩具
順時針換位

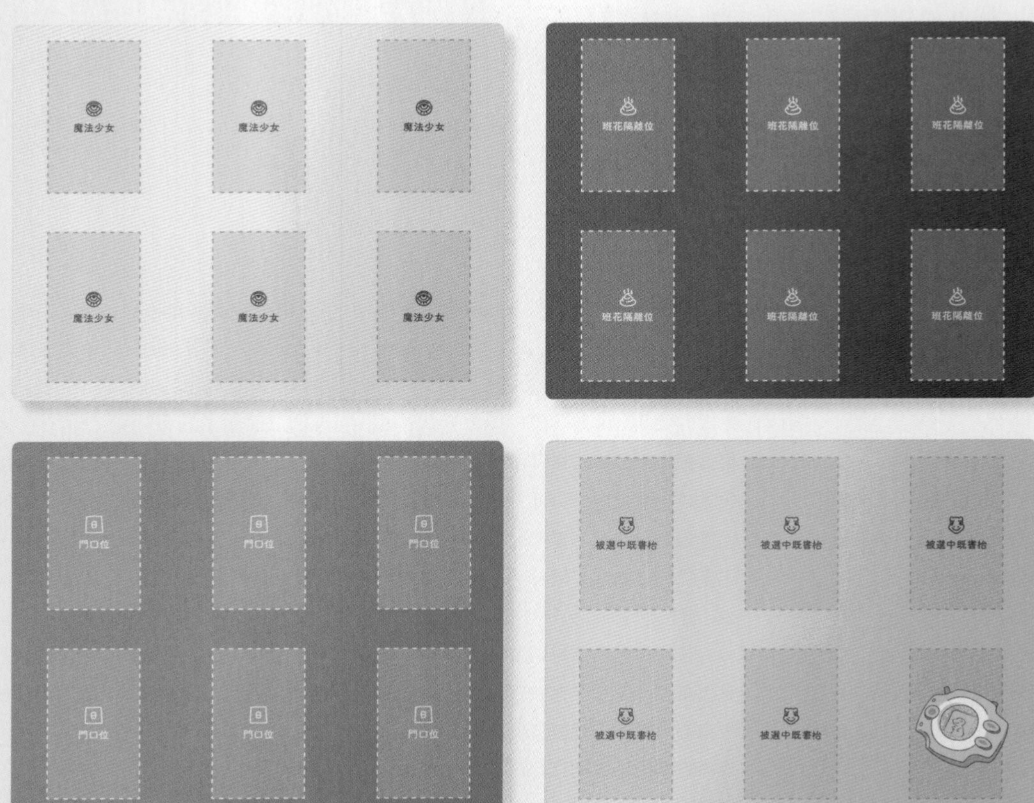
魔法少女
班花隔離位
門口位
被選中既書枱

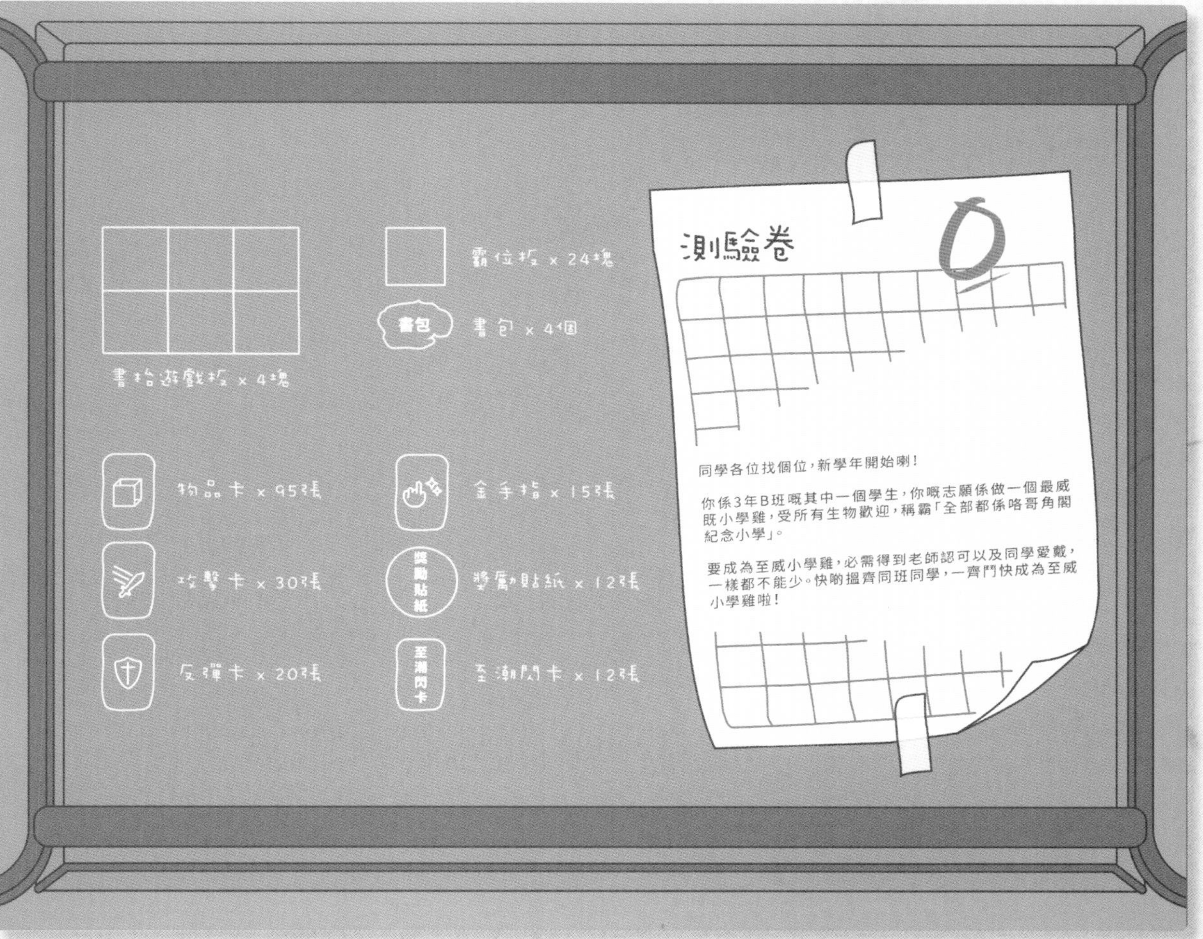

游戏的美术风格可以说非常“粗糙而幼稚”，简直就像小学生在课堂上不好好听课时自己画的卡片一样——这就对了，这不是更能增强玩家的带入感吗？同样风格的还有包装与版图的设计，课桌、黑板、测试卷……将游戏必要的配件都还原为同等质感的小学生活道具，是在一开始做游戏企划时就可以加入的点子，它会最终左右产品的生产形态。

46 KARMA ELSTON

卡玛 · 艾尔斯顿

《好卡玛 / 坏卡玛》Good Karma / Bad Karma

造化弄人，命运无常……命运这个词，常常被人们提及和感叹。人们相信“冥冥之中，自有天意”，也喜欢将事件的不确定性归结于命运。在遥远的南非大陆，有一位设计师也基于同样的理念设计出一款桌游——《好卡玛 / 坏卡玛》(Good Karma / Bad Karma)。卡玛 (Karma) 来自梵语“业力”，指一个人过去和现在所做的事情的合集。而业力也不是惩罚或奖赏，只是自然的法则。同时，卡玛也是设计师卡玛 · 埃尔斯顿 (Karma Elston) 的名字，因此她非常喜欢这个词语的含义。

“成为命运的主人，或被命运主宰”是游戏的核心。玩家通过掷骰子、抽取卡牌等行动决定游戏走向。玩家走入黄色区域，则获得一张挑战卡，完成挑战可获得好卡玛令牌；走入粉色区域，则抽取一张粉色卡玛牌，该牌有可能是好卡玛牌或坏卡玛牌，它将会影响玩家的游戏走向。率先到达终点并获得 6 个卡玛令牌的玩家获得胜利。

游戏版图的设计灵感来自西藏结，它是佛门八宝之一，象征着吉祥和永恒的友谊。而在一些地区，它也是命运的象征。在卡玛看来，《好卡玛 / 坏卡玛》可以从运气的角度来反映游戏乃至人生中的不确定性，而游戏将人们聚集在一起，完成一些幽默和有趣的挑战。

GOOD KARMA - BAD KARMA - GOOD KARMA - BAD KARMA -
SPF 50

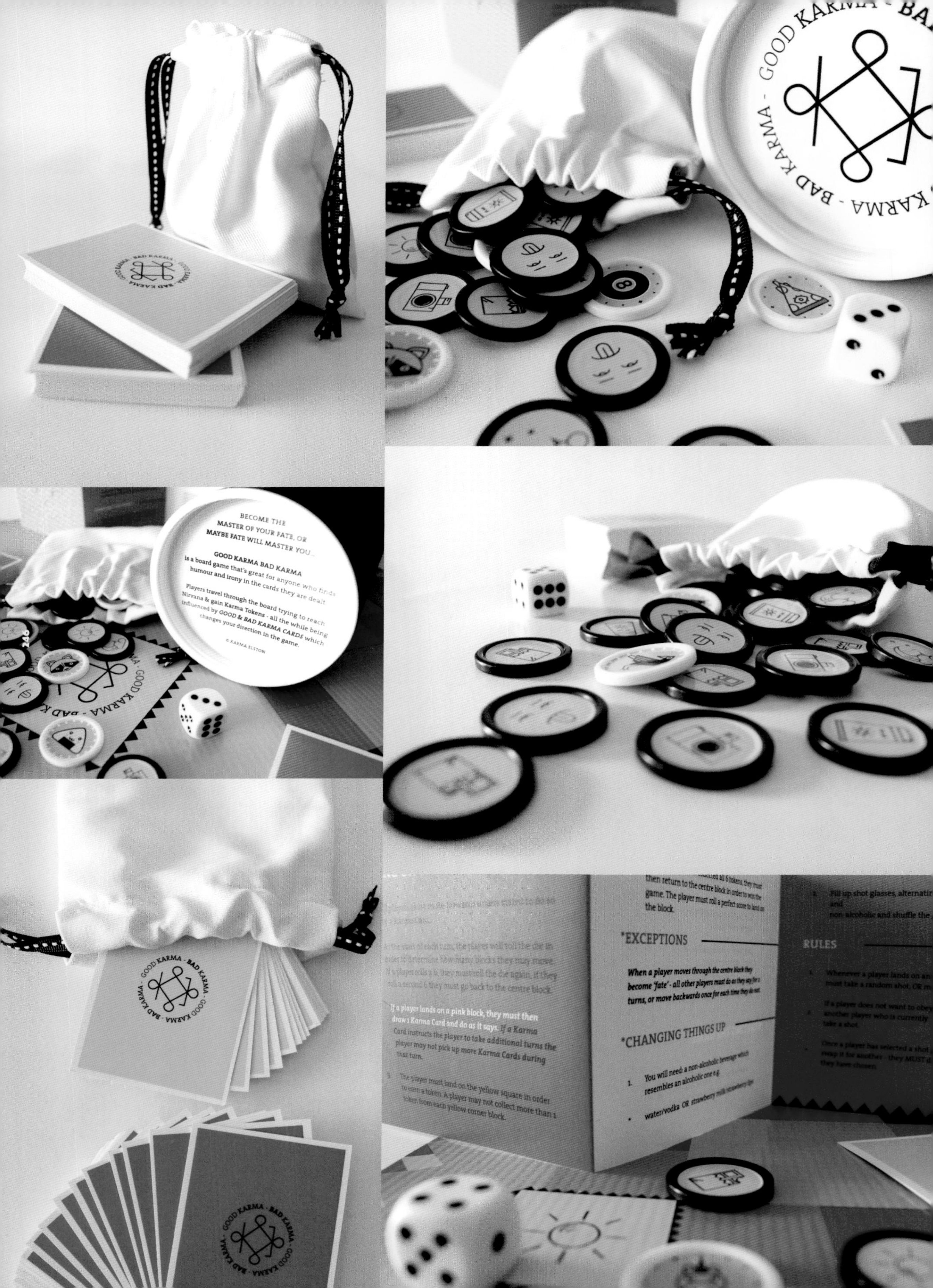
GOOD KARMA - BAD KARMA
BECOME THE
MASTER OF YOUR FATE, OR
MAYBE FATE WILL MASTER YOU...
GOOD KARMA BAD KARMA
is a board game that's great for anyone who finds
humour and irony in the cards they are dealt
Players travel through the board trying to reach
Nirvana & gain Karma Tokens - all the while being
influenced by GOOD & BAD KARMA CARDS which
changes your direction in the game.
© KARMA ELSTON
then return to the centre block in order to win the
game. The player must roll a perfect score to land on
the block.
*EXCEPTIONS
When a player moves through the centre block they
become 'fate' - all other players must do as they say for 2
turns, or move backwards once for each time they do not.
*CHANGING THINGS UP
1. You will need: a non-alcoholic beverage which
resembles an alcoholic one e.g.
• water/vodka OR strawberry milk/strawberry lips
RULES

birthday.
Move 1 space backward.
The all-seeing pizza slice is your new BFF guuurrrrl!
Preform a ceremonial secret handshake & move to wherever the all-seeing pizza slice is at.
GOOD KARMA - BAD KARMA - GOOD KARMA - BAD KARMA
You lost your glasses.
Move your blind ass 1 space backwards.
You claimed to speak 7 different languages on your CV.
Prove it by stating a greeting in 7 languages
OR
Lose a Token.
GOOD KARMA - BAD KARMA - GOOD KARMA - BAD KARMA
You were a wise old oak tree in your previous life.
You are a tree for 2 turns, you may only do 'tree thing'...

47 FRIDA CLERHAGE

弗里达·克莱赫奇

《疯狂马戏团》 Ritjakten

2-6　5+　45-60

你喜欢马戏团吗？当小丑站在聚光灯下表演，孩子们哈哈大笑的景象和“你画我猜”游戏结合起来，将会是怎样的一种场景？来自瑞典的设计师弗里达·克莱赫奇(Frida Clerhage) 以此为基础设计了一款马戏团版的“你画我猜”。这款游戏集绘画猜词于一体，无论年龄大小，家庭中的每个人都可以一起玩。游戏的外包装以马戏团的帐篷为主，每个玩家都可以选择一个人物，你可以是狮子、斑马、小丑……游戏开始，一名玩家抽取卡片后掷骰子，为其他玩家画出指定点数的词语，最先猜出的玩家得分，最后，分数最多的人获得胜利。

由于这款游戏老少皆宜，因此它还有一款适合孩子的玩法，孩子抽取到的卡片是带有图案和文字的，以便他们可以更好地表达出该词。但要注意时间限制哦！正如设计师弗里达所言，“这是一款真正的家庭聚会游戏，可爱的设计、精美的包装，无休止的娱乐，适合所有玩家。”

STOPP
STOPP
STOPP
MÅL
START
RITJAKTEN

·RITJAKTEN·
·RITJAKTEN·

·RITJAKTEN·

·RITJAKTEN·

·RITJAKTEN·

R
R
·BILJETT·

RITJAKTEN·

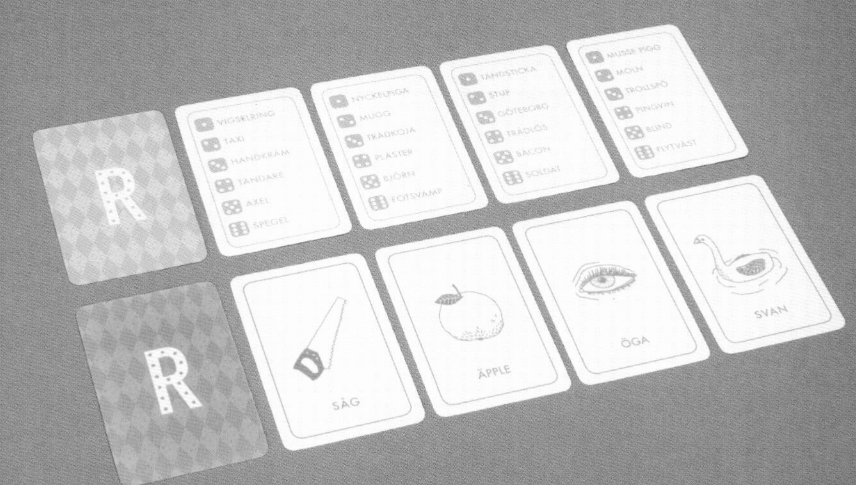
R
VIGSELRING
TAXI
HANDKRÄM
TÄNDARE
AXEL
SPEGEL
NYCKELPIGA
MUGG
TRÄDKOJA
PLÅSTER
BJÖRN
FOTSVAMP
TÄNDSTICKA
STUP
GÖTEBORG
TRÅDLÖS
BACON
SOLDAT
MOLN
TROLLSPÖ
PINGVIN
BLIND
FLYTVÄST
R
SÅG
ÄPPLE
ÖGA
SVAN

·RITJAKTEN·

·RITJAKTEN·

48 ANDRÉ FORSBLOM
安德鲁·福斯布

《高概念》 *High Concept*

2-6 12+ 45-60

“高概念”（High Concept）一词源自美国电影业。20 世纪 70 年代中期，部分电影发行公司使用大型预算、吸睛的剧情结构和周边推动的形式来打造一部电影的票房。一部吸睛的电影最不会缺少的就是高概念。而游戏《高概念》就是以电影里的“高概念”为主题打造的一款桌游。游戏的设计师是一个电影爱好者，他认为，“一部可以称之为高概念的电影都可以用一句话来概括（比如这个电影里有哪些大牌或是令人意想不到的剧情、老练的拍摄手法和分镜等）。而在这个游戏中，你来将一部电影用高概念的方式推销出去，使电影投资人自愿打开钱包投资电影，期待你的表现！”

在游戏开始前，每位玩家都有相应的预算，之后通过抽取组合预制卡来创建自己的电影，并通过抽取“销售卡”考虑如何推销自己的电影。制作一部电影会遇到许多问题，如演员心态爆炸而无法顺利演下去、电影经费周转不够、剪辑师剪辑效果不理想等。面对诸如此类的情况，你必须用高概念的方式来说服投资人，让其相信你制作的电影会更高级。玩家需要有足够的电影知识和有趣的创意结合，才能将这个快节奏的游戏玩得更有意思！

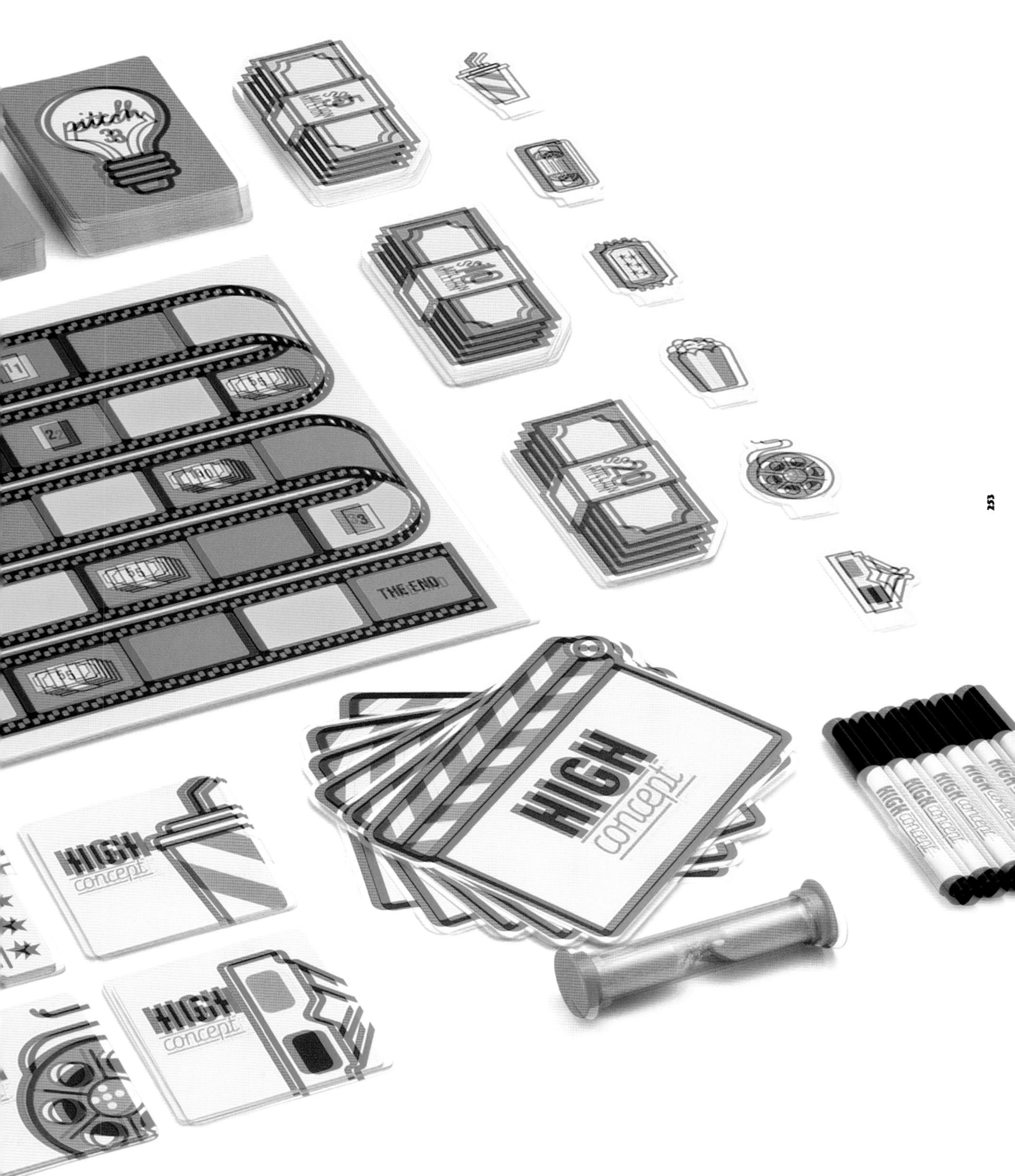

pitch
THE END
HIGH concept

HIGH
concept
SPELET DÄR DU GISSAR, GISSAR & PITCHAR FILMER
HIGH concept

HIGH
concept
Twins (1988)
100
GISSA-KORT

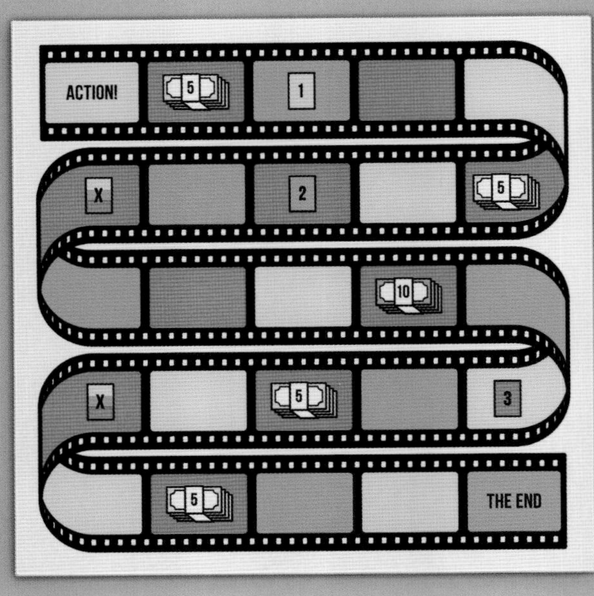
ACTION!
5
1
X
2
5
10
X
5
3
5
THE END

HIGH
concept
100
GISSA-KORT

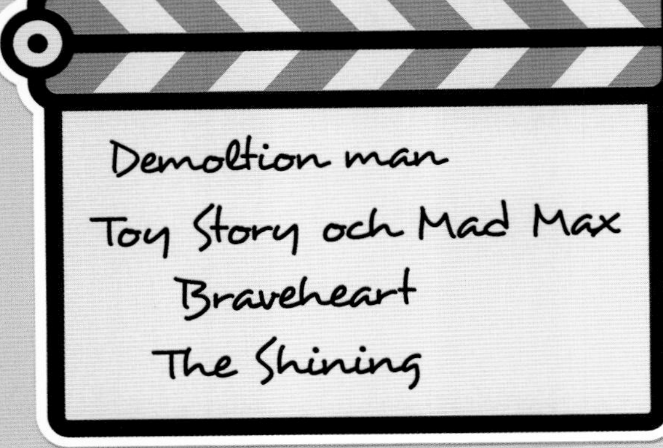
Demoltion man
Toy Story och Mad Max
Braveheart
The Shining

HIGH concept

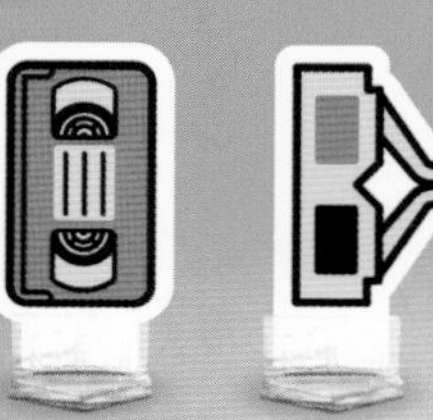

80-talets actionhjältar - i samma film!"

under en fest hemma hos James Franco inträffar apokalypsen och
terna tvingas arbeta fram en plan för att råna tre casinon samtidigt.

ådeppiga svenska poliser klättrar runt på tak för att fånga en ännu
deppad mördare som haft ihjäl en superelak polis.

grupp greker vill verkligen att Persien ska styra landet. Vårdar stort
al perser till hälsa för att visa sin välvilja.

HIGH concept 2

Junior (1994)

The Doors (1991) / Turtles (1990)

Kill Bill: Vol. 1 (2003)

A Clockwork Orange (1971)

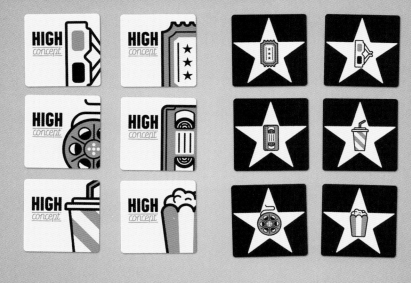

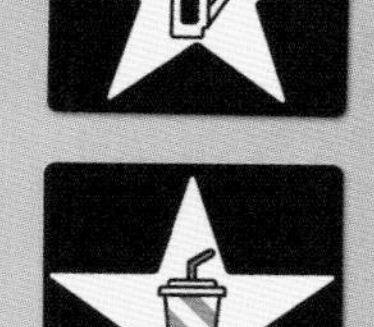

Chuck Norris

krymper till en ärtas storlek och

får väldigt stora bröst.

49 DANIELA GAIE
丹妮拉 · 盖伊

《CMYK》 CMYK

2–4

16+

10–15

科学技术的进步虽然为人们带来了便利，但也带来了很多苦恼。人们不愿满足现状，想追求更高层次的物质生活。在观察到这一现象后，丹妮拉 · 盖伊（Daniela Gaie）决定将自己的毕业作品设计为一个桌游。受极简派影响，她将游戏整体设计为白色调，部分以彩色点缀。虽说是桌游，但它更像一件正在展览的艺术品，等待人们去了解，去触碰。丹妮拉表示，“人类永远都不会满足于自己拥有的东西，总是不断追寻更多。我不想判断这是对是错，但我想将它呈现在我的作品中。”游戏中，每位玩家自行设计规则、目标和起始点。骰子上的数字有正数和负数，玩家掷骰子执行前进或后退动作，或执行抽取卡牌和打出卡牌的动作。有些卡牌可以帮助玩家前进，有些卡牌会迫使玩家回到起点。丹妮拉也希望人们可以从中悟出属于自己的人生哲理。“每个人从游戏中看到的东西都是不同的，人生的魅力也在于它的不可预知性。”

作为毕业设计，游戏看起来更像是可以交互的装置艺术，但从另一面解读，这也恰恰是一种游戏化概念的应用。由于带着社会反思的使命，与浮躁快节奏的生活相对，游戏材质使用了厚纸板，有原始的触感，同时，象征每个人的彩色纸球又极其脆弱，让人在游戏的时候不得不小心操作，用材质引导参与者的行为是非常巧妙的手段。

50 DASHA KORABLEVA

达莎·科拉波娃

《如何抓住一只猫》 *Catch a Cat*

5 5+ 30+

猫，似乎是这个世界上最神秘的生物。它时而高冷，又时而呆萌。设想一下，你刚刚把一个毛茸茸的朋友带进家中，它就一个箭步飞上了吊灯。哐当！它打碎了你最爱的花瓶……在这只猫摧毁你的房子前，抓住它！

这就是游戏《如何抓住一只猫》（Catch a Cat）的前情提要。《如何抓住一只猫》是一款家庭聚会游戏，可供 5 人同玩。玩家的目标是齐心协力抓住那只捣蛋的猫。游戏由 5 个作为房间的背景板组成，每个背景板上都有一些被猫咪破坏的家具小卡片，卡片背面有猫咪逃跑或躲藏的痕迹。玩家通过翻阅家具卡片寻找猫咪逃跑的信息，猫咪会在游戏版面中躲藏、逃跑或破坏家具。如玩家们在猫彻底摧毁房子前将猫抓住，则玩家胜利。设计师达莎·科拉波娃（Dasha Korableva）的设计灵感来源于她的一次拜访。朋友家的猫非常调皮，经常上蹿下跳，有时还会弄坏家具，令人十分苦恼。回到家后，达莎以这个事件为灵感制作了游戏。那么，请和达莎一起来抓猫猫吧！

利用双层灰板的制作方式可以为平面游戏营造简单的空间感，之后通过边缘的留口将版图相连接，营造出不同房间的整体面貌。之后就是用单层灰板制作道具、人物、房间陈设与千姿百态的猫，把这些配件一股脑地塞进有限的空间中，就造成了局促、狼狈的感觉，进而游戏策略的思考也开始产生了。

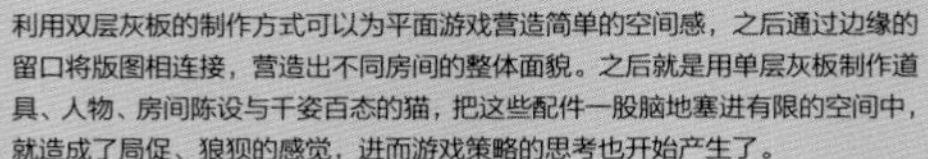

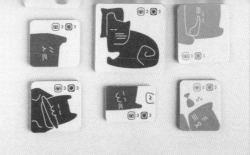

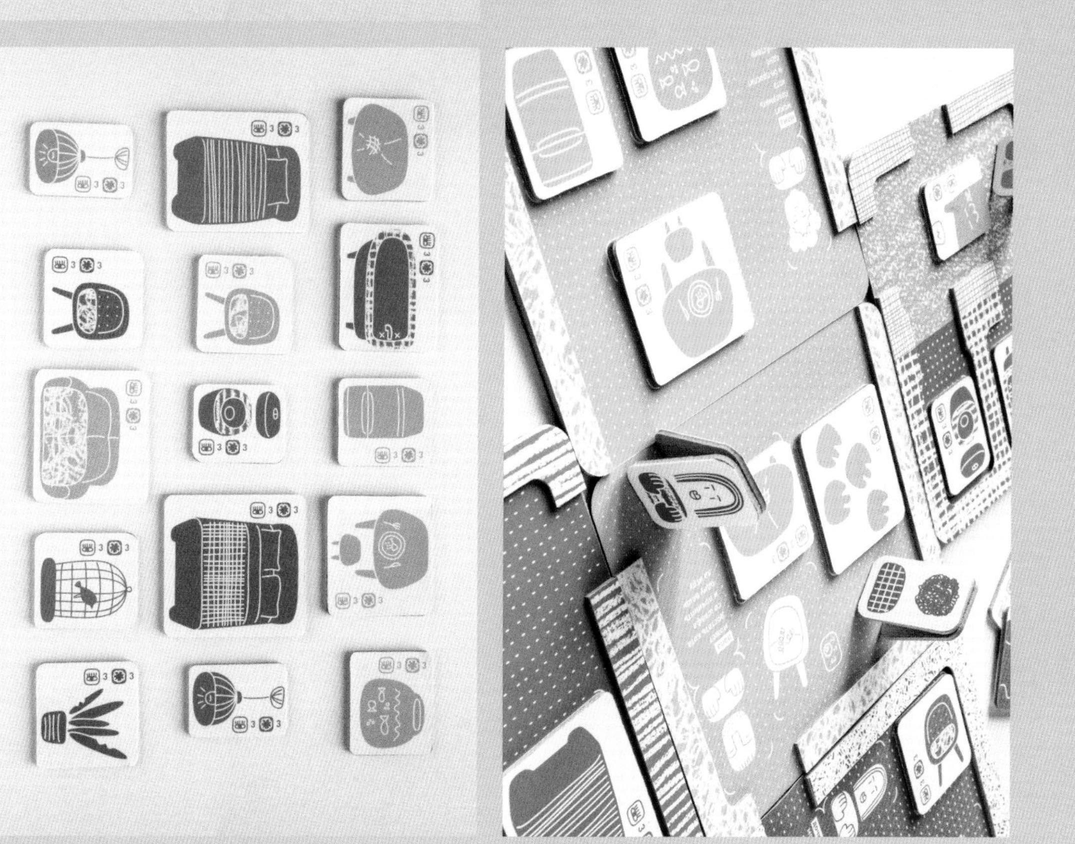

51 GARY PAITRE
加里·派特雷

THOMAS FILIPPI
托马斯·菲利皮

《风之精灵》Kiwetin

2-6 6+ 10-15

《风之精灵》（Kiwetin）是一款令人上瘾的快节奏桌面游戏。游戏目标很简单，先到达终点（神圣花朵）的玩家获得胜利。在游戏里，你将扮演一个森林中的精灵，通过掷骰子进行移动，为了到达终点（有时你可以前进，但有时你会后退），你必须避开障碍物，并借助风力达到你的目的。但要注意，你的角色形象将会影响你在游戏中的移动速度——每个角色有不同的移动速度，这在游戏中被称为“自然运动”。游戏中，每位玩家都有一张行动卡，它可以随时改变游戏的走向。因此，每场游戏都是独一无二的。

该游戏由弗里奥斯工作室（Flyos Games）制作，设计师加里·派特雷（Gary Paitre）在育碧等公司有超过 10 年的美术设计经验。设计师表示，“我们很在意年轻朋友的感受。如今，越来越多的人花费更多时间去玩电子游戏。于是我们创建了弗里奥斯工作室来设计一些重视可玩性且美感度高的游戏。“我们的愿望是让桌游可以显眼地放在客厅书架上，而不是放在壁橱里沾灰。”

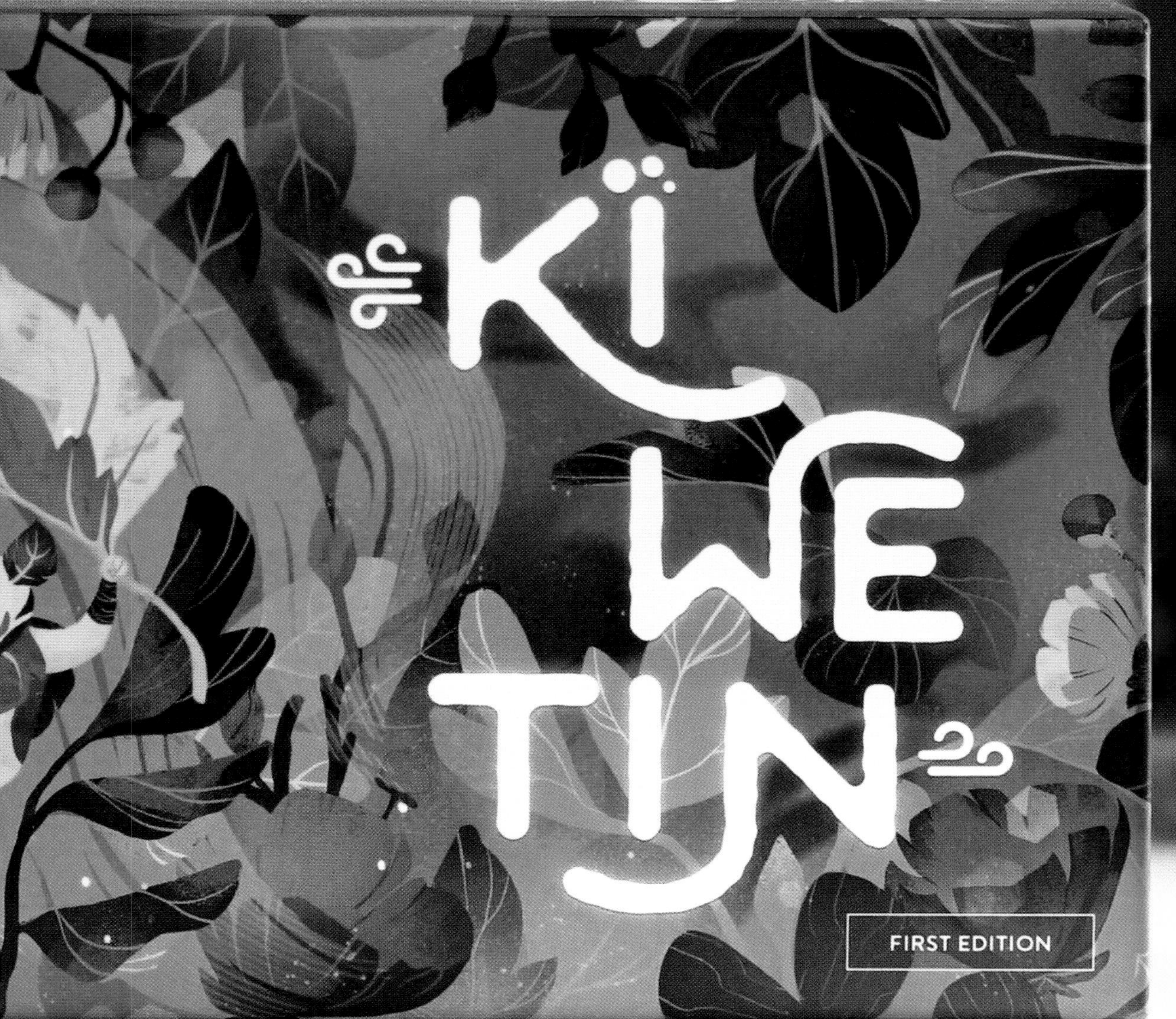
KI
WE
TIN
FIRST EDITION

KI
WE
TIN
KIWETIN
RULES
+2
-1

《风之精灵》是在 Kickstarter 上众筹的项目，作为桌游众筹的产品，其中有很多决定成败的因素，但美术与配件始终是必须要重视的问题。这款游戏的配件发挥了主创在3A 游戏公司的经验，优秀的概念设定、精细的微缩模型的配件、说到做到的“高度美感”，让这款游戏众筹期间取得了不错的成绩。

52 PORNI 波尔尼

《特瑞塔》 *Treta*

2-8 4-12 20-30

新冠疫情给整个世界带来了巨大影响。世界停止工作，人们只能在家隔离。但有人在居家期间也迸发出了巨大的创造力。波尔尼是PUM 工作室的一名设计师，居家期间，在和孩子的相处中他意识到需要寻找一种新颖有趣的方式来满足孩子的娱乐需求，因此他决定自己设计一个游戏，不需要太复杂的规则和工具，这样每个人都可以自行下载、打印游戏。

游戏《特瑞塔》的名字来源于巴西俚语，表示情况复杂、棘手。例如，那次旅行是一个“big treta”，这意味着那次旅行遇到了很多问题。而游戏的版图设计来源于古老的赛鹅图（El juego de la Oca）游戏，背景故事参考了舍维·沙斯（Chevy Chase）与其家人一起旅行的电影。游戏非常简单，开始的设定是你和家人开车去往度假胜地。在旅途中，你遇到了许多困难和疯狂的事情。率先走到 63 格的玩家获得胜利。在行进的过程中，你会遇到好运，也会遇到一些倒霉的事。

波尔尼表示，“游戏设计过程中最具挑战性的部分就是游戏地图的设计，在黑白背景的前提下，既要有合理的结构，又要吸人眼球，真的有点难。更何况还要在有限的地图中讲一个有趣的故事。作为平面设计和插图工作室，我们经常被别人的想法控制，而这款游戏完全是自己提出构想、自己解决问题。幸好最后的结果令我们非常满意。

reta
A board game by püm
14
36
41
42
45
50
32
54
56
58
59
Treta

53 JULIA POTOCNIK
朱莉娅 · 波托尼克

VERENA OBERMEIER
维雷纳 · 奥伯迈尔

SANDRA PALLIER
桑德拉 · 帕利尔

《普莱诺》 Planeo

2+ 12+ ∞

你知道巧克力千层是如何制作的吗？你尝试过闭着眼睛画画吗？在这个世界上，有很多你还不了解、也未曾发现过的新鲜事物等着你去挖掘。《普莱诺》（Planeo）就是这样一个关于发现的游戏。游戏背板共有三部分，但在整个游戏过程中，玩家都可以扩展游戏中地图的宽度和高度，并通过掷骰子前进，在每个带有符号的点上获取积分，积分最多的人获得胜利。玩家每行进到一个带有符号的点上都会抽取一张该符号下的卡片。三角形的卡片代表一些常识性问题。六角形的卡片问题与你的玩伴有关，比如，你知道谁的耳朵最小吗？或你还记得各位最讨厌的蔬菜是什么吗？正方形是动作卡，通过做一些动作赢得积分，例如闭着眼睛画画；钻石形状卡片是命运卡，其中会有助力你走向胜利的卡片，但也有会导致你走向失败的卡片。

《普莱诺》由三位奥地利设计师朱莉娅 · 波托尼克（Julia Potocnik）、维雷纳 · 奥伯迈尔（Verena Obermeier）和桑德拉 · 帕利尔（Sandra Pallier）于2013年设计而成。桑德拉说，“我们设计这款游戏的初心就是不想仅仅被有限的游戏版面限制，而渴望更灵活的、可以进行探寻和发现的游戏。”

PLANEO

MITSPIELERWISSEN

PLANEO

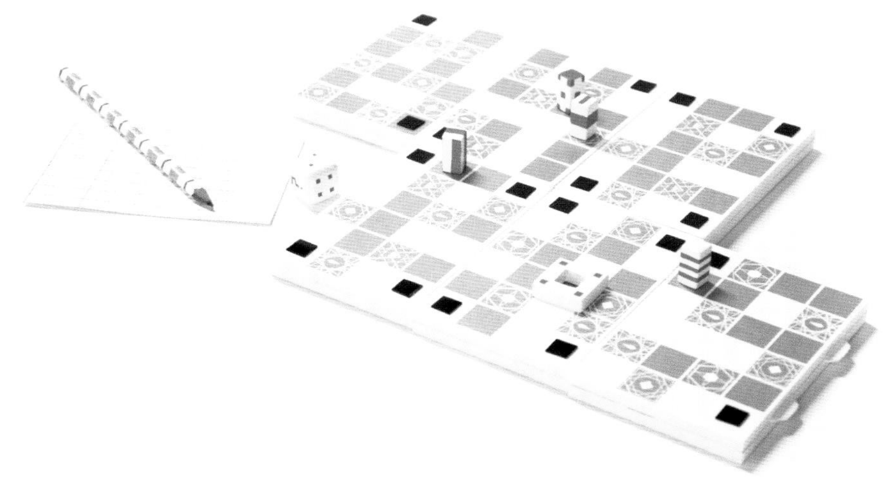

通常桌游在区分不同卡牌类别时都是采用印刷不同符号的方式，但是普莱诺却直接裁切出了对应的镂空形状，非常具有创意。另外，游戏的背板在游戏过程中可以自由拼接，没有固定搭配，而所有游戏棋子也均为手工上漆……作为一款小制作的抽象游戏，一切设计都体现了主创所说的“不被传统游戏思路所限制”的理念，令人过目不忘。

54 RAMI HAMMOUD

拉米 · 哈姆穆德

《与字同乐》 *Better with Letter*

2–10　6+　∞

如今，我们生活的世界像是被按下了加速键，除了工作，我们好像没有时间做其他事。基于此，设计师拉米 · 哈姆穆德（Rami Hammoud）设计了一款全新的桌游——《与字同乐》（Better with Letter），它可以让你在任何时间、任何地点拿出来玩，它可以放进裤子口袋，因为你所需要的所有东西都在一个小小的纸牌盒里。“与别人交流、大笑和讨论要比站在那玩手机好多了。我们是社交动物！我们应该花更多的时间在一起！当然，我也希望这样的游戏可以使我们有更多的联结。”

游戏规则很简单，主持人（也是裁判）将牌举在手中（有几位玩家就举几张牌），其他玩家围着主持人站好，每位玩家阅读主持人手牌中的任务并完成，如果玩家完不成挑战，则输掉比赛。留到最后的玩家获胜。

游戏中，所有圆形卡片的象形图均来自真实事物。据拉米说，他在设计游戏的过程中爱上了野生动物，因此大多数图像看起来会和它们相似。但拉米并没有还原真实的形象，因为他希望每个玩家都会对这些形象有自己的理解。在游戏设计过程中，英语字母的功能性和独特性给拉米留下了深刻的印象。每个单词都可以引发很多联想。在包装上，设计师选择了明亮、清新的颜色，并希望这款游戏对人们的心理产生积极的影响。

BETTER WITH LETTER FUNNY BOARD GAME
26
26
"Try to apply 100
layers of something
you have lying
around in the house
"Order a whole pizza
The box contains 26 cards
9 421023 610112

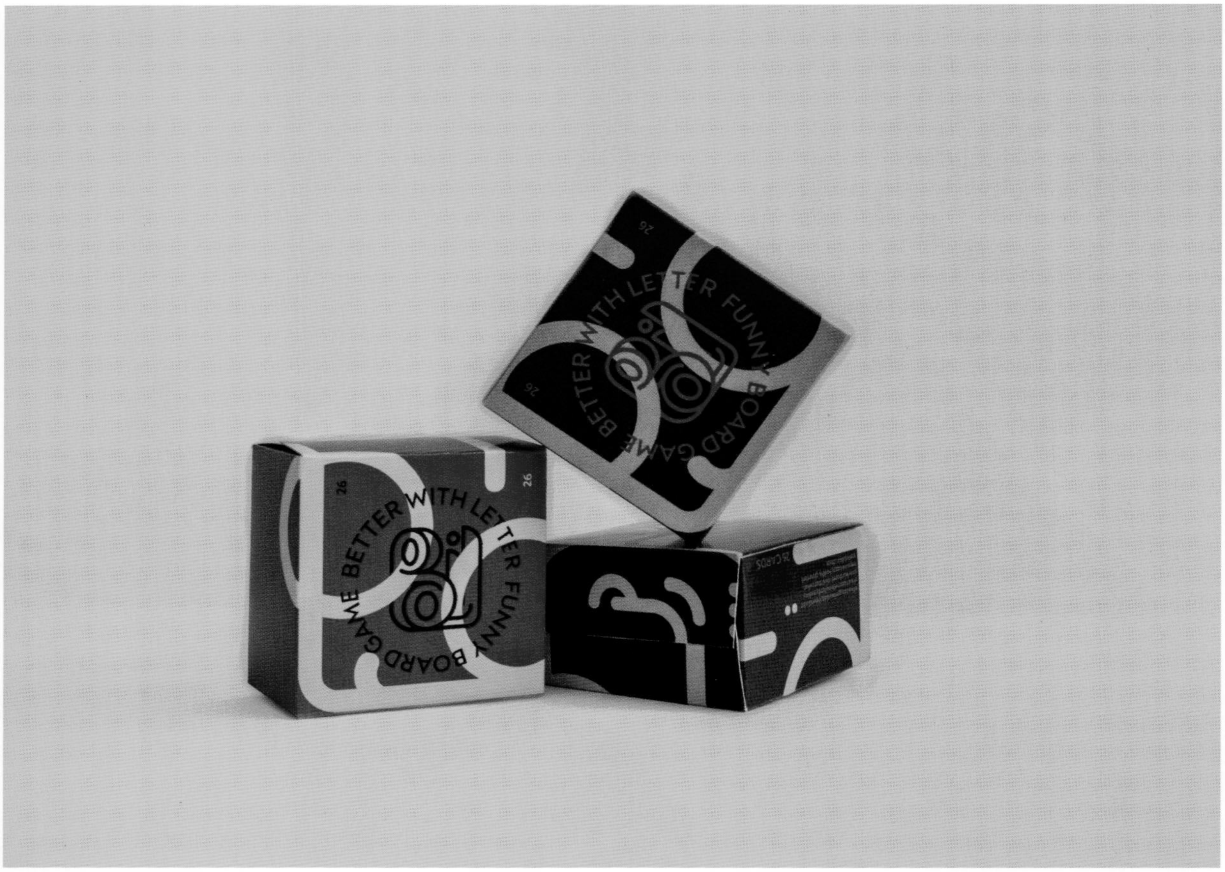
BETTER WITH LETTER FUNNY BOARD GAME
26
26
26 CARDS

动手提示！如果你没有参与众筹获得“与字同乐”的胶带，没关系，
这一页还有一些可以取下来的纸胶带为你提供手账制作的丰富素材。

"Cut a bunch o
lemons into wedges
How many lemon
slices you can eat?"
say ten words with
the letter 'A'
"Can you fit
packs of gum in
your mouth? How
about three?"

a whole pizza
for each person
is participating
challenge.”
Try to
or say ten
the letter

INDEX
索引

Aishwarya Joshi
https://www.behance.net
印度

Alexander Kandiloros
https://www.facebook.com/kandiloros
瑞典 hello@ninjaprint.se

Alexandra Durand
https://www.behance.net/AlexDesignPortfolio
加拿大 durand.alex@outlook.com

Alexey Kot
https://www.instagram.com/aliekseikot
白俄罗斯 aliekseikot@gmail.com

Ana Lùcia Magalhaes
https://www.behance.net/anamagalhaes
巴西 analuchia7@hotmail.com

Ana María Gil
http://instagram.com/menagilver
西班牙

Ana Muniz Salas
https://www.behance.net/anamunizsalas
西班牙 anamunizsalas@gmail.com

André Forsblom
https://www.facebook.com/andre.forsblom
意大利

Andrea Peregrín
https://www.behance.net/peregrini
西班牙

Anjali DSouza
https://www.behance.net/petitepaisley
印度 anjalidsouza12392@gmail.com

Arantxa Gisbert López
http://arantxagisbert.com
西班牙 arantxagisbertlopez@gmail.com

Artipon Deewongkij
https://artipondwk.com
泰国 artipon.dwk@gmail.com

Aysegul Tugan
https://www.behance.net/aysegultugan
土耳其

Can Can
http://cmdtabstudio.com
中国 cancan@cmdtabstudio.com

Cardeiro Sisters
https://www.behance.net/mariamiguelcardeiro
葡萄牙 mariacarlos.mica@gmail.com

Chiaos
https://www.facebook.com/creatchaos
中国台湾 2013chiaos@gmail.com

Cmd Tab Studio
https://www.cmdtabstudio.com/
中国台湾 hello@cmdtabstudio.com

Cyber Kids on Real
https://www.facebook.com/CyberKidsonReal/
波兰 cyberkids.pl

Daniel Thorell
https://www.skogssverige.se
瑞典 daniel.thorell@skogsstyrelsen.se

Daniela Gaie
https://www.behance.net/neostal
罗马尼亚 daniela.gaie.g@gmail.com

Dasha Korableva
https://www.behance.net/dasha_korabl
俄罗斯 dasha15korableva@gmail.com

Diana Molytė
https://diamol.graphics
立陶宛 dianamolyte.design@gmail.com

Dovile Kacerauskaite
https://www.instagram.com/peledado
立陶宛 dovile97@gmail.com

Erich
https://www.facebook.com/octopodacreative
中国台湾

Fierce Women
https://fierce-women.net & https://voxfeminae.net
克罗地亚 hello@fierce-women.net

Frida Clerhage
https://www.fridaclerhage.com
瑞典 fridaclerhage@gmail.com

Gary Paitre & Thomas Filippi
http://www.flyosgames.com
加拿大 info@flyosgames.com

Helman Beltran
https://www.behance.net/elman_tolstoi
哥伦比亚 beltranhelman@gmail.com

INACOMS
https://www.facebook.com/inacoms.vd
韩国

Jacek Ambrozewski
www.facebook.com/ProwizorkaStudio
波兰 jacekambrozewski@gmail.com

Jana Sukenikova
https://www.fanahshapeless.com
英国

Jeppe & Alexander
https://www.ninjaprint.se
瑞典

Ji Ru
https://www.facebook.com/jiru711
中国

Jimin Hong
https://www.behance.net/flyinghong1103
越南 ghd030@gmail.com

Jiyoung Jeong
https://www.behance.net/wjdtofk8224b88
韩国 jeemeen0708@naver.com

Joakim Bergkvist
https://joakimbergkvist.se
瑞典 hej@joakimbergkvist.se

Julia Potocnik
https://julia-romana.tumblr.com
英国

K

Karma Elston
https://www.behance.net/karmaelston
南非

L

Lakshyta Gupta
https://www.behance.net/lakshytagupta
印度 *lakshyta7198@gmail.com*

Luz María Andreu Martínez
https://www.behance.net/luzmariaandreu
西班牙 *luzmariaandreumartinez99@gmail.com*

Magdalene Wong
http://wheresgut.com
马来西亚 *mag@wheresgut.com*

Marcelo Bissoli
http://vectoria.com.br
巴西 *vectoria.studio@gmail.com*

Maria Miguel Cardeiro
Maria Carlos Cardeiro
https://www.behance.net/mariamiguelcardeiro
葡萄牙 *vectoria.studio@gmail.com*

Marta Balcer
https://www.behance.net/martabalcer
波兰 *mariacarlos.mica@gmail.com*
mimi_mariamiguel@hotmail.com

Martin Ohlsson
https://www.martinohlsson.com
瑞典 *hello@martinohlsson.com*

Marya Egorova
https://www.behance.net/egorka-mlk
立陶宛 *effasempai@gmail.com*

Megan Bird
https://www.meganbird.com
南非 *meganthebird@gmail.com*

Minna Miná
https://www.minnamr.com
巴西 *minna.mmr@gmail.com*

Miriam Hansen
https://www.behance.net/mijoehansen
德国 *M.J.Hansen@web.de*

Moloko creative Agency
http://mlk.global
白俄罗斯 *info@mlk.by*

Naomi Wilkinson
https://www.naomiwilkinson.co.uk
英国 *naomipoppywilkinson@hotmail.co.uk*

Nashra Balagamwala
http://nashra.co
巴基斯坦 *nashra.balagamwala@gmail.com*

Oksal Yesillik
https://www.oksalyesilok.com
伊斯坦布尔 *info@oksalyesilok.com*

Patrizia Levi
http://www.patrizia-levi.com
意大利 *patrizia.levi@yahoo.it*

Prowizorka studio
https://www.facebook.com/ProwizorkaStudio
波兰 *lewandowskaneta@gmail.com*

Porni
http://www.estudiopum.com/
巴西 *hi@estudiopum.com*

PUM Studio
http://www.estudiopum.com
巴西 *hi@estudiopum.com*

Rami Hammoud
https://www.behance.net/ramihammoud
保加利亚 *rafish0497@gmail.com*

Rayz Ong
https://www.lemongraphic.design
新加坡 *info@lemongraphic.sg*

RICH DORATO
http://www.whoatemyteeth.com/
美国 *RICH@WHOATEMYTEETH.COM*

Rick Banks
https://www.face37.com
英国 *info@face37.com*

Sandra Pallier
https://www.behance.net/sandra-pallier
英国 *sandra.pallier@gmx.at*

Sasha Kirillova
https://www.facebook.com/sashabelkaaa.art
俄罗斯 *agalaga2008@yandex.ru*

Sílvia Corral
Instagram: @caraistudio
西班牙 *silviacorral17@gmail.com*

Sofya Voevodskaya
https://www.behance.net/junkochild
俄罗斯 *sodomyofsoda@gmail.com*

Tin Lai
https://www.facebook.com/lainguyentin
越南 *laitinive@gmail.com*

TRANSITE Stcdio
http://www.transitmonster.com
中国台湾

Verena Obermeier
https://www.verena-obermeier.com/kontakt
奥地利 *hello@verena-obermeier.com*

Yuki Lau
https://www.behance.net/yukilauyh
英国 *yuki.lau1012@gmail.com*

图书在版编目（CIP）数据

好玩的好设计：把54个美学灵感装进游戏盒子 / 赵勇权编著. --北京：中国青年出版社，2021.1
ISBN 978-7-5153-6216-8

I. ①好… II. ①赵… III. ①游戏程序-程序设计 IV. ①TP317.6

中国版本图书馆CIP数据核字（2020）第199770号

好玩的好设计：把54个美学灵感装进游戏盒子

赵勇权 / 编著

出版发行：中国青年出版社
地　　址：北京市东四十二条21号
邮政编码：100708
电　　话：（010）59231565
传　　真：（010）59231381
企　　划：北京中青雄狮数码传媒科技有限公司

责任编辑：张　军
策划编辑：曾　晟
封面设计：李　鑫

印　　刷：广东省博罗县园洲勤达印务有限公司
开　　本：787×1092　1/16
印　　张：17.75
版　　次：2021年3月北京第1版
印　　次：2021年3月第1次印刷
书　　号：ISBN 978-7-5153-6216-8
定　　价：268.00元

本书如有印装质量等问题，请与本社联系
电话：（010）59231565
读者来信：reader@cypmedia.com
如有其他问题请访问我们的网站：www.cypmedia.com